Series y Transformada de Fourier para Señales Continuas y Discretas en el Tiempo.

Algoritmos para el desarrollo de ejercicios prácticos

Javier González Barajas

OmniaScience

Series y Transformada de Fourier para Señales Continuas y Discretas en el Tiempo. Algoritmos para el desarrollo de ejercicios prácticos

Autor:

Javier González Barajas
javiergonzalezb@usantotomas.edu.co

Facultad de Ingeniería Electrónica
División de Ingenierías
Universidad Santo Tomás De Aquino
Bogotá D.C., Colombia

ISBN: 978-84-944229-6-6
DOI: http://dx.doi.org/10.3926/oss.23

AGRADECIMIENTOS

El autor expresa sus sinceros agradecimientos a las personas, que con su experiencia contribuyeron al diseño de algunos de los experimentos ilustrados en este texto. Las personas mencionadas a continuación hacen parte del grupo de docentes de la Facultad de Ingeniería Electrónica, Universidad Santo Tomás- Colombia.

Ing. Davis Montenegro, por su apoyo en el diseño de experimentos basados en la Transformada Wavelet Continua.

Ing. Carlos Javier Mojica, por su contribución en el diseño del experimento basado en la estrategia matricial de la Transformada Rápida de Fourier.

CONTENIDO

Presentación

Diversas asignaturas impartidas en el área de la ingeniería, demandan en la actualidad el uso de las herramientas computacionales e informáticas disponibles en la actualidad, para ofrecer a los estudiantes estrategias pedagógicas para su mejor entendimiento. El uso de la informática ya es transversal en todos los programas de enseñanza media, profesional y de postgrado y no pueden ser la excepción los programas de ingeniería.

Al interior de las asignaturas relacionadas con el tema de análisis de señales, se imparten tópicos que están ligados directamente con la Transformada de Fourier y diversas maneras de estudiar el espectro de señales continuas en el tiempo y también de las señales que han sido el producto de procesos de muestreo.

Cada día son publicadas nuevas aplicaciones de la Transformada de Fourier y diferentes técnicas para su implementación con la finalidad de obtener mayor información en tiempo real de los escenarios que son de exploración para un ingeniero. Además, se suman las diferentes estrategias de nuevas transformaciones de tiempo frecuencia, como es el caso del uso de las ondillas u ondaletas (Transformada *Wavelets*).

Este texto es un sencillo manual que recopila los diversos algoritmos implementados en la herramienta informática Matlab y que han sido utilizados para un práctico entendimiento de las diversas maneras de implementar estrategias para el análisis de señales en el dominio de la frecuencia.

El texto ofrece al lector diversos ejemplos prácticos de aplicaciones del análisis en el dominio de la Frecuencia y los respectivos algoritmos desarrollados. Los códigos correspondientes a cada escenario práctico, están disponibles en el anexo de este texto.

Los códigos implementados cubren diferentes contextos, como es el caso de señales electrofisiológicas, muestras provenientes de la voz humana y el caso de las señales discretas bidimensionales, que son la base del procesamiento digital de imágenes.

Introducción

La Transformada de Fourier, es una herramienta matemática desarrollada por Jean Batiste Fourier y en primera instancia fue creada con la intención de explicar el fenómeno de propagación del calor como un conjunto de oscilaciones cuyas frecuencias son múltiplos enteros de una oscilación fundamental. Por tal motivo, esta transformada toma como base la función exponencial compleja para expresar el comportamiento de señales en el dominio de la frecuencia.

En el inicio del texto se podrá observar que para las señales periódicas, se puede lograr una reconstrucción a través de las series de Fourier. Se ha implementado un algoritmo en la herramienta Matlab que permite tomar la serie de una señal cuadrada periódica y reconstruirla con ajustes de sus parámetros de ancho de pulso y periodo fundamental. El algoritmo desarrollado es adaptado para demostrar las propiedades de linealidad y desplazamiento en el tiempo de la señal de entrada. Para demostrar que la teoría de la serie de Fourier permite reconstruir cualquier señal periódica, se realiza un ejemplo que reconstruye periodos de una señal electrocardiográfica.

El segundo tema abordado se centra en el método computacional para el cálculo de la Transformada de Fourier, denominado la DFT (Discrete Fourier Transform). Se ofrece al lector un sencillo algoritmo para el desarrollo de la DFT a través de un ejemplo que utiliza una señal exponencial decreciente y su Transformada de Fourier calculada analíticamente. En esta sección se puede observar los resultados obtenidos al implementar la estrategia del promediado de espectros.

El tercer tema, se centra en las manipulaciones que pueden aplicarse al espectro de una señal y las diferentes modificaciones que pueden generarse en el dominio del tiempo. También se expone los resultados obtenidos al utilizar la transformada de Fourier en señales bidimensionales, de gran pertinencia en el procesamiento digital de imágenes.

En este tema se ha introducido un caso especial de la densidad espectral de potencia, el cual se centra en el escenario de muestras tomadas bajo un muestreo irregular. Este caso es abordado desde la técnica de Lomb, el cual ha propuesto una modificación de la Transformada de Fourier adaptada al muestreo irregular.

EL cuarto tema ilustra varios casos especiales de la aplicación de la Transformada de Fourier, como es la aplicación del Cepstrum para la detección de ecos en la señal de voz y la exposición del caso cuando se desea estimar la densidad espectral de potencia de una señal a partir del muestreo irregular.

Por último, se expone la Transformada de Ondillas o Wavelets, a través de la implementación práctica de algoritmos que permiten al usuario desarrollar experiencias con dos de las ondillas básicas utilizadas en la literatura: Morlet y Sombrero Mexicano.

Capítulo 1

Algoritmo para reconstrucción de señales periódicas a partir de sus coeficientes de Fourier

Los coeficientes de Fourier, permiten la caracterización de una señal continua en el tiempo con la propiedad de periodicidad. Estos coeficientes ofrecen la información de la señal en el dominio de la frecuencia. Según la teoría de Fourier, es posible tomar estos coeficientes y reconstruir una señal periódica.

Tomando como ejemplo una señal cuadrada de periodo T y ancho T_1, como se ilustra en la Figura 1. Se procede a estimar la serie de Fourier con base a la Ecuación (1).

$$a_k = \frac{1}{T}\int_T x(t)e^{-jkw_0 t}dt \tag{1}$$

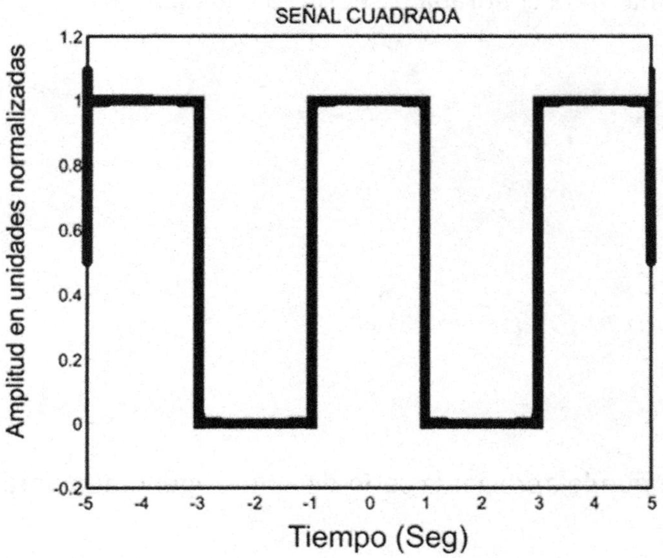

Figura 1. Onda cuadrada periódica, con periodo T *= 4 seg. y ancho* T_1 *= 1 seg.*

Tomando la Ecuación (1) se puede calcular el coeficiente a_0:

$$a_0 = \frac{1}{T}\int_T x(t)dt$$
$$a_0 = \frac{2T_1}{T} \qquad (2)$$

y para $k \neq 0$ los coeficientes se calculan según la Ecuación (3):

$$a_k = \frac{1}{T}\int_T e^{-jkw_0t}dt$$
$$a_k = \frac{2\sin(kw_0T_1)}{kw_0T} \qquad (3)$$

Siendo $w_0 = 2\pi F_0$

A través del asistente matemático Matlab, se puede implementar las siguientes líneas de código que permiten crear un arreglo de datos con la serie de Fourier calculada para una onda cuadrada de Periodo T y ancho T_1:

```
N=100;
k=-N:N;
T1=1;
T=4;
wo=(2*pi)/T;
ak=2*sin(k*wo*T1)./(k*wo*T);
ak(N+1)=2*T1/T;
```

En la Figura 2 se puede apreciar la serie de Fourier generada para N = 100.

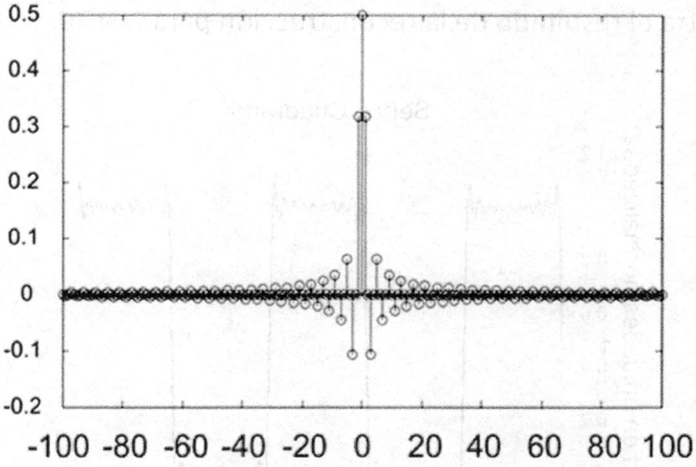

Figura 2. Serie de Fourier con N = *100.*

Para tener una escala en el eje horizontal, se debe tener en cuenta que para cada valor de *K*, equivale a *k x W0* en unidades de radianes/segundos.

Para reconstruir la señal, se toma la Ecuación (4):

$$x(t) = \sum_{k=-N}^{N} a_k e^{Ikw_0 t} \tag{4}$$

A través de Matlab en el programa se implementa el algoritmo para reconstruir la señal. Se crea una base de tiempo de –5 a 5 segundos con un paso de simulación de 0.001 segundos. La salida del algoritmo es la señal *x*(*t*) contenida en la Figura 3.

```
t=-5:0.001:5;
L=length(t);
for i=1:L
     c=0;
     for k=-N:N
          c=c+ak(k+1+N)*(cos(k*wo*t(i))+j*sin(k*wo*t(i)));
     end
     x(i)=real(c);
end
```

La Figura 3 ilustra el resultado de la reconstrucción para *N* = 20.

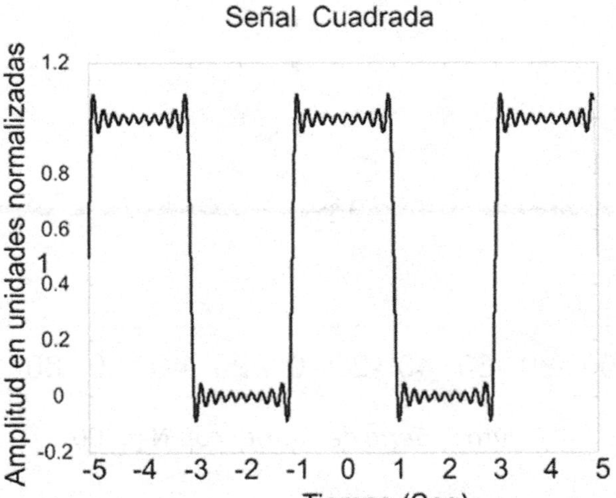

Figura 3. Reconstrucción con N = 20.

El algoritmo desarrollado permite también demostrar que la calidad de la señal reconstruida puede mejorar al incrementar la cantidad *N* de coeficientes involucrados. En la Figura 4 se aprecia la señal reconstruida para una cantidad de coeficientes con *N* = 100 de la serie de Fourier.

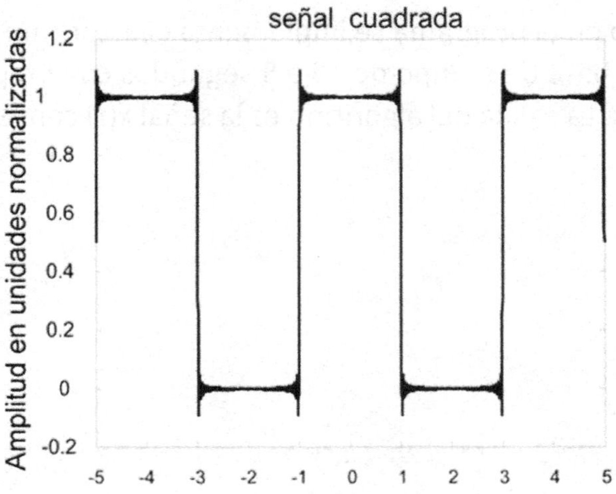

Figura 4. Señal cuadrada reconstruida para N = *100.*

La Figura 5 se ilustra la reconstrucción para $N = 200$.

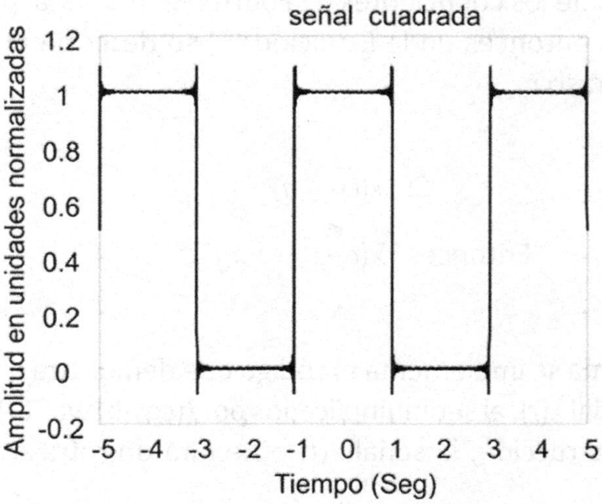

Figura 5. Reconstrucción con N = *200.*

En la Figura 6 se ha producido la reconstrucción con $N = 1000$.

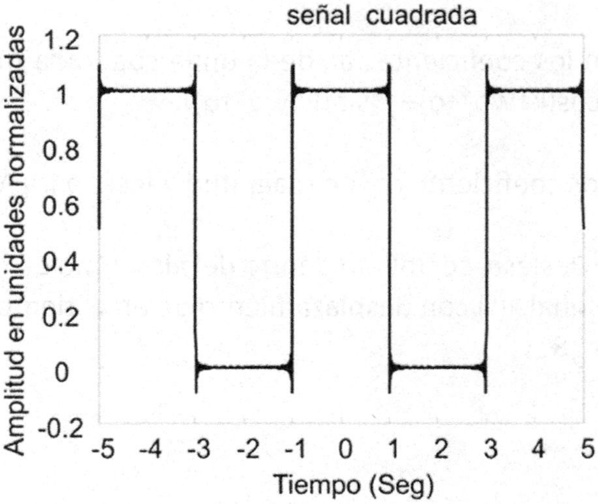

Figura 6. Señal cuadrada reconstruida para N = *1000.*

1. Propiedad de desplazamiento en el tiempo

Según la propiedad de los coeficientes de Fourier, si una señal periódica $x(t)$ posee los coeficientes a_k, entonces en la Ecuación (5) se describe el cambio cuando la señal posee un retraso t_o.

$$\begin{array}{rl} \text{Si} & x(t) \longrightarrow a_k \\ \text{Entonces} & x(t-t_0) \longrightarrow a_k e^{-jkw_0t_0} \end{array} \tag{5}$$

A través del programa se implementa el código que demuestra que al tomar los coeficientes a_k de la señal $x(t)$, al ser multiplicados por ((cos(k*wo*to)+ j*sin(k*wo*to))), al realizar la reconstrucción, la señal $x(t)$ obtendrá un retraso de to unidades de tiempo.

Se implementa la línea de código:

```
ak=(2*sin(k*wo*T1)./(k*wo*T)).*(cos(k*wo*to)-j*sin(k*wo*to));
```

En la cual se tienen los coeficientes ak de la onda cuadrada multiplicados por el factor de desfase (cos(k*wo*to)+ j*sin(k*wo*to)).

La Figura 7 ilustra los coeficientes a_k en magnitud y fase, para $N = 100$.

Tomando los a_k con desfase, se utilizan dentro del algoritmo de reconstrucción, obteniendo la nueva señal $x(t)$ con desplazamiento de en el tiempo t_o, que se puede apreciar en la Figura 8.

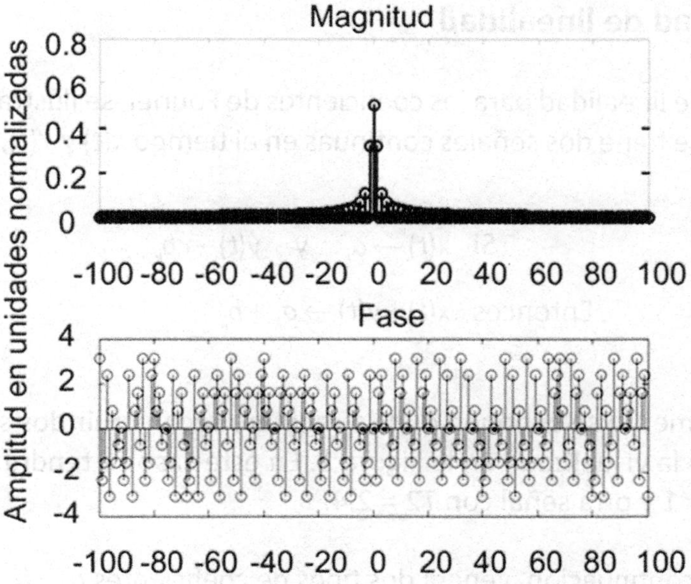

Figura 7. Magnitud y fase de los coeficientes a_k *para* N = 100, *al ser modificados para obtener un retraso en la señal reconstruida.*

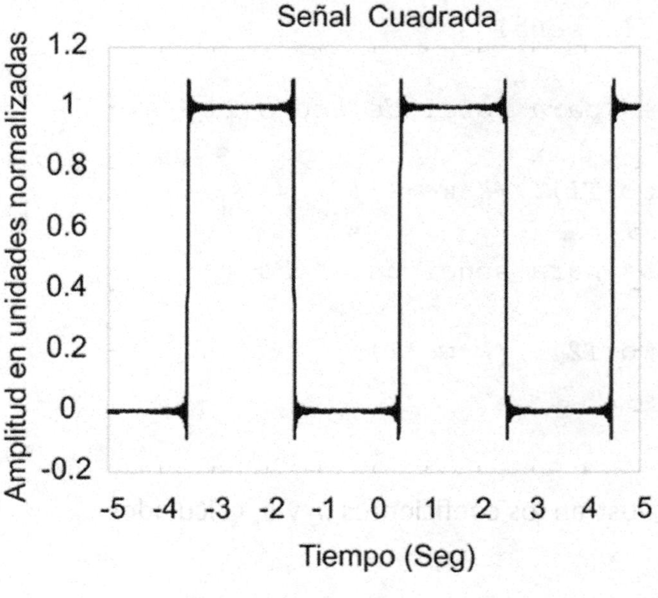

Figura 8. Señal reconstruida con los coeficientes a_k *con desfase para generar un retraso con* t_o *= 2.5 segundos.*

2. Propiedad de linealidad

La propiedad de linealidad para los coeficientes de Fourier, se ilustra en la Ecuación (6), en la cual se tiene dos señales continuas en el tiempo $x(t)$ y $Y(t)$, con periodo T.

$$\begin{aligned} &\text{Si} \quad x(t) \rightarrow a_k \quad \text{y} \quad y(t) \rightarrow b_k \\ &\text{Entonces} \quad x(t) + y(t) \rightarrow a_k + b_k \end{aligned} \tag{6}$$

En este experimento se suponen que se requiere reconstruir dos señales cuadradas similares a la visualizada en la Figura 1. En este caso se tendrá una señal cuadrada con $T1$ = 1 y otra señal con $T2$ = 2.4.

El programa a continuación, genera dos tipos de coeficientes a_k y b_k, con periodo T, para cada una de las señales cuadradas:

```
N=100;
k=-N:N;
T=4;
% Periodo de la señal
wo=(2*pi)/T;
% Coeficientes para señal de ancho T1
T1=1;
ak=(2*sin(k*wo*T1)./(k*wo*T));
ak(N+1)=2*T1/T;
% Coeficientes para señal de ancho T2
T2=2.4;
bk=(2*sin(k*wo*T2)./(k*wo*T));
bk(N+1)=2*T2/T;
```

En la Figura 9 se ilustran los coeficientes a_k y b_k calculados.

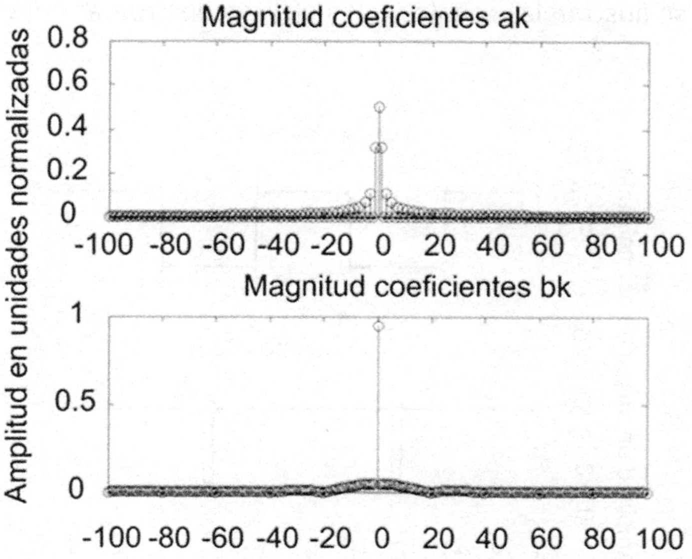

Figura 9. Coeficientes a_k *y* b_k.

Utilizando el algoritmo de reconstrucción, se toman los coeficientes a_k y b_k para reconstruir las señales *x*(*t*) y *y*(*t*).

```
t=-5:0.001:5;
L=length(t);
for i=1:L
     c=0;
     for k=-N:N
          c=c+ak(k+1+N)*(cos(k*wo*t(i))+j*sin(k*wo*t(i)));
     end
     x(i)=real(c);
end
for i=1:L
     c=0;
     for k=-N:N
          c=c+bk(k+1+N)*(cos(k*wo*t(i))+j*sin(k*wo*t(i)));
     end
     y(i)=real(c);
end
```

En la Figura 10 se ilustran las señales $x(t)$ y $y(t)$, reconstruidas para $N = 100$.

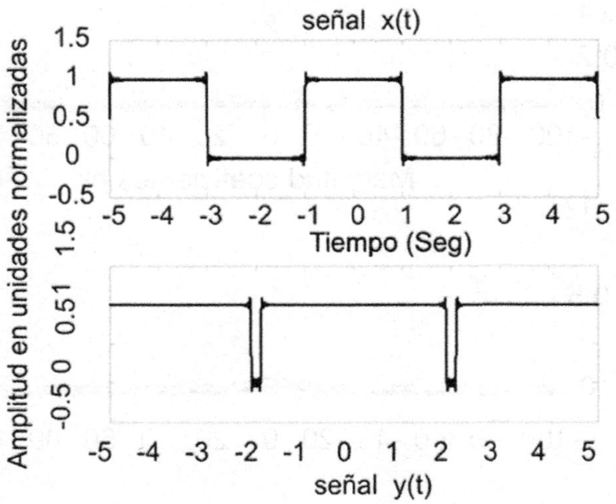

Figura 10. Señales x(t) *y* y(t) *reconstruidas para* N = *100.*

Como siguiente paso se procede a crear los coeficientes c_k los cuales son el resultado de la suma de los coeficientes a_k y b_k. Con el algoritmo de reconstrucción se reconstruye la señal $z(t)$, ilustrada en la Figura 11. La señal $z(t)$ equivale a la suma en el dominio del tiempo de las señales $x(t)$ y $y(t)$.

```
ck=ak+bk;
for i=1:L
    c=0;
    for k=-N:N
        c=c+ck(k+1+N)*(cos(k*wo*t(i))+j*sin(k*wo*t(i)));
    end
    z(i)=real(c);
end
```

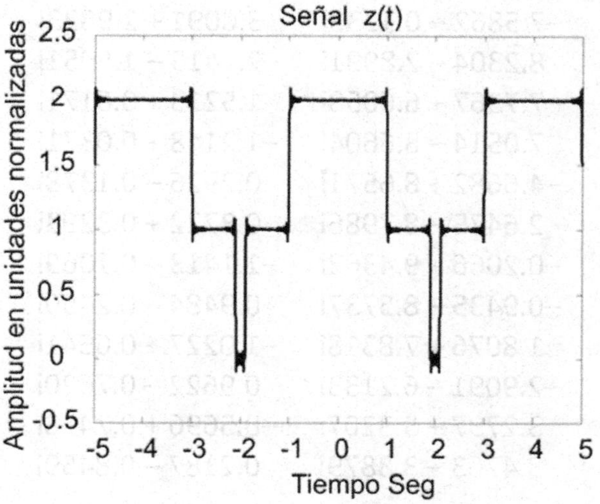

Figura 11. Señal z(t) *creada a partir de la reconstrucción de los coeficientes* $c_k = a_k + b_k$.

3. Reconstrucción de una Señal Electrocardiográfica a partir de sus coeficientes de Fourier

En el siguiente programa se encuentra una simulación que toma los coeficientes de Fourier de un ciclo completo del complejo cardiaco y realiza la reconstrucción para una frecuencia fundamental F_0. Los coeficientes se encuentran almacenados en el archivo ***coef.mat.***

El archivo coef.mat contiene los coeficientes de Fourier que corresponden a una señal electrocardiográfica, almacenados en la variable XF1.

XF1 = 0.0306 - 0.2912i

0.1045 + 0.1070i	0.6869 + 0.0461i	−0.5696 − 0.7458i	0.2926 + 0.1378i
−0.1660 − 0.1993i	−0.5682 − 0.0270i	0.9622 + 0.7620i	−1.2148 − 0.0371i
0.4851 + 0.2971i	0.5402 − 0.4401i	−1.0227 − 0.6641i	1.5213 − 0.6171i
−0.2363 − 0.4382i	−0.5121 + 0.6731i	0.9484 + 0.2450i	−2.2415 + 1.5051i
0.5624 + 0.2922i	0.0299 − 0.6975i	−1.1413 + 0.1069i	3.0091 − 2.9823i
−0.6417 − 0.2724i	0.2187 + 0.8459i	0.3722 − 0.3293i	−3.4763 + 3.8879i

3.2797 – 5.3207i	–7.5862 – 0.1233i	3.0091 + 2.9823i	0.0299 + 0.6975i
–2.9091 + 6.2133i	8.2304 – 2.8991i	–2.2415 – 1.5051i	–0.5121 – 0.6731i
1.8076 – 7.8318i	–7.7367 + 6.6058i	1.5213 + 0.6171i	0.5402 + 0.4401i
–0.9435 + 8.5737i	7.0514 – 8.6604i	–1.2148 + 0.0371i	–0.5682 + 0.0270i
–0.2066 – 9.4362i	–4.6682 + 8.6571i	0.2926 – 0.1378i	0.6869 – 0.0461i
2.6475 + 8.7986i	2.6475 – 8.7986i	0.3722 + 0.3293i	–0.6417 + 0.2724i
–4.6682 – 8.6571i	–0.2066 + 9.4362i	–1.1413 – 0.1069i	0.5624 – 0.2922i
7.0514 + 8.6604i	–0.9435 – 8.5737i	0.9484 – 0.2450i	–0.2363 + 0.4382i
–7.7367 – 6.6058i	1.8076 + 7.8318i	–1.0227 + 0.6641i	0.4851 – 0.2971i
8.2304 + 2.8991i	–2.9091 – 6.2133i	0.9622 – 0.7620i	–0.1660 + 0.1993i
–7.5862 + 0.1233i	3.2797 + 5.3207i	–0.5696 + 0.7458i	0.1045 – 0.1070i
–3.0050	–3.4763 – 3.8879i	0.2187 – 0.8459i	0.0306 + 0.2912i

Con las siguientes líneas de código se realiza una gráfica de la magnitud y fase de los coeficientes ilustrados en la Figura 12.

```
load coef
L=length(XF1);
N=(L-1)/2;
k=-N:N;
ak=XF1;
subplot(2,1,1)
stem(k,abs(ak))
title('magnitud coeficientes ak')
subplot(2,1,2)
stem(k,angle(ak))
title('magnitud coeficientes bk')
```

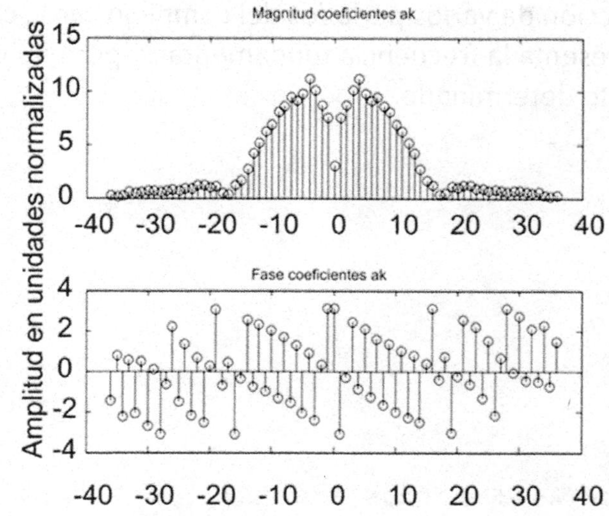

Figura 12. Coeficientes de Fourier en magnitud y fase de un ciclo completo del complejo cardiaco.

La Figura 13 ilustra el periodo del complejo cardiaco.

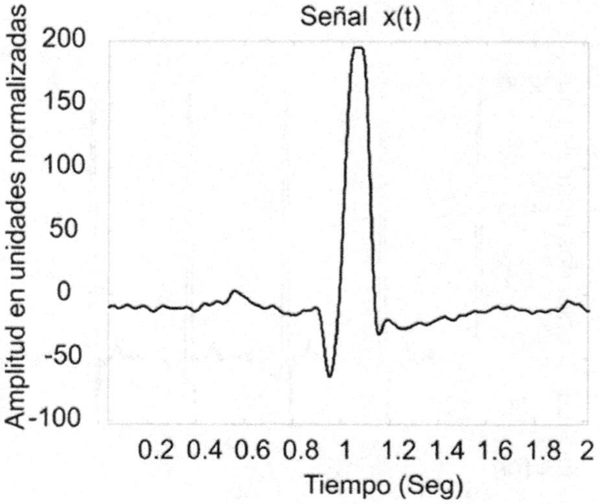

Figura 13. Periodo del complejo cardiaco.

Para la reconstrucción de varios periodos del complejo cardiaco, se declara la variable F_0 que representa la frecuencia fundamental, y permite que el complejo se repita a un periodo determinado.

```
Fo=0.5;
wo=2*pi*Fo;
t=-5:0.001:5;
L=length(t);
for i=1:L
    c=0;
    for k=-N:N
        c=c+ak(k+1+N)*(cos(k*wo*t(i))+j*sin(k*wo*t(i)));
    end
    x(i)=real(c);
end
```

La Figura 14 ilustra el resultado obtenido de la reconstrucción con F_0 = 0.5 Hz, por lo cual se tiene un periodo de de 2 segundos.

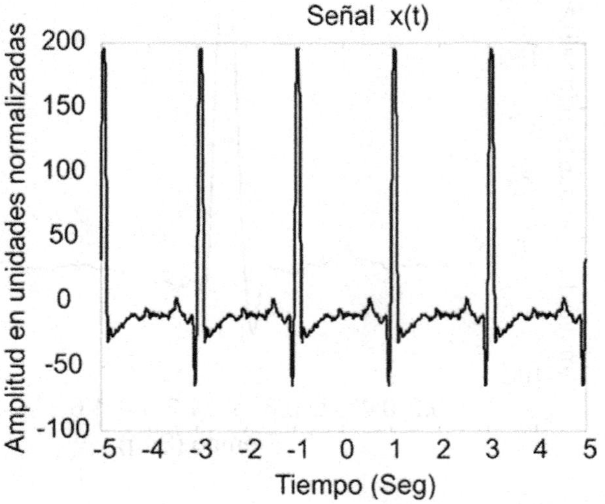

Figura 14. Reconstrucción de una señal electrocardiográfica con frecuencia fundamental F_0 *= 0.5 Hz.*

El valor de F_0 es aumentado a un valor de 2Hz, para obtener el resultado ilustrado en la Figura 15, en la cual se aprecia la disminución del periodo y el aumento de la cantidad de ciclos cardiacos por unidad de tiempo.

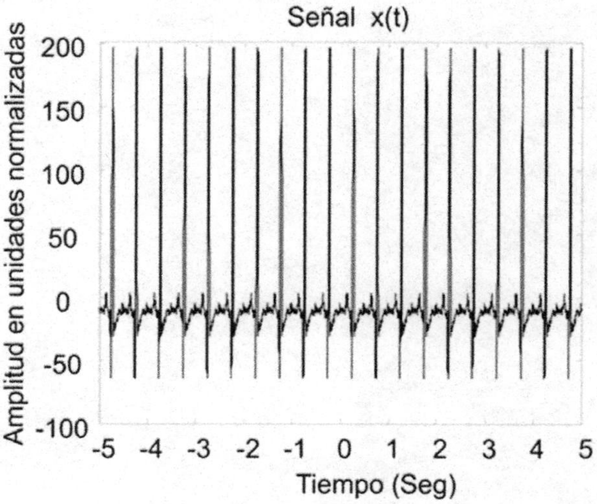

Figura 15. Reconstrucción de una señal electrocardiográfica con frecuencia fundamental $F_0 = 2$ *Hz.*

CAPÍTULO 2

La Transformada de Fourier. Método computacional

En diversos casos no se puede contar con una señal continua en el tiempo que ofrezca la oportunidad de calcular su Transformada de Fourier directamente. En estos casos se acude a tomar muestras de la señal bajo estudio a través del teorema del muestreo. El siguiente ejemplo se basa en la construcción de una señal compuesta por una función exponencial decreciente que modela la caída de tensión de un circuito RC. En primera instancia se calcula su Transformada de Fourier de manera analítica. Posteriormente se procede a ejecutar el algoritmo para el método computacional para la Transformada de Fourier: DFT.

A continuación se expone el código del programa en el cual se toma como ejemplo la señal $x(t)$ que representa la caída de voltaje de un circuito RC, con un capacitor de 100 microfaradios y una resistencia de 1000 ohmios.

```
Ts=0.001;
C=100E-6;
R=1000;
tao=1/(R*C);
t=0:Ts:5;
x=exp(-tao*t);
```

La Figura 16 ilustra la señal $x(t)$ para un paso de simulación de 0.001 seg.

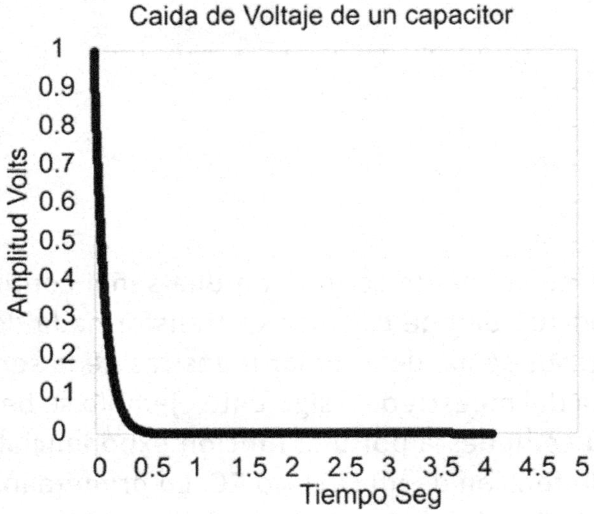

Figura 16. Señal x(t) que representa la caída de voltaje de un condensador.

Posteriormente se procede a calcular la Transformada de Fourier para la señal $x(t)$. En las siguientes líneas del programa, se realiza la simulación de $X(w)$.

```
N=length(x);
k=-N/2:N/2;
F=(k-1)/(N*Ts);
% Transformada de Fourier teórica X(w) de la función x(t)
w=2*pi*F;
XW=1./(tao+j*w);
XWM=abs(XW);
plot(w,XWM)
```

En la Figura 17 se ilustra la Transformada de Fourier de la senal *x*(*t*) calculada para frecuencias entre –500 y 500 Hz.

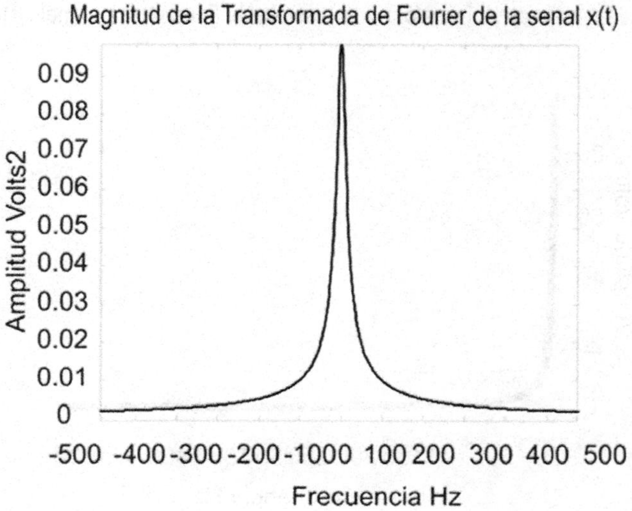

Figura 17. Transformada de Fourier de x(t).

Utilizando el método computacional para evaluar la Transformada de Fourier por medio de la DFT, se diseña el código para realizar el cálculo.

```
N=length(x);
for k=1:N
    c=0;
    for n=1:N
        c=c+x(n)*(cos(2*pi*n*k/N)+j*sin(2*pi*n*k/N));
    end
    XF(k)=c;
end
k=1:N;
F=(k-1)/(N*Ts);
figure
plot(F,abs(XF))
```

La Figura 18 ilustra el resultado obtenido de la evaluación de la Transformada de Fourier a través del método de la DFT.

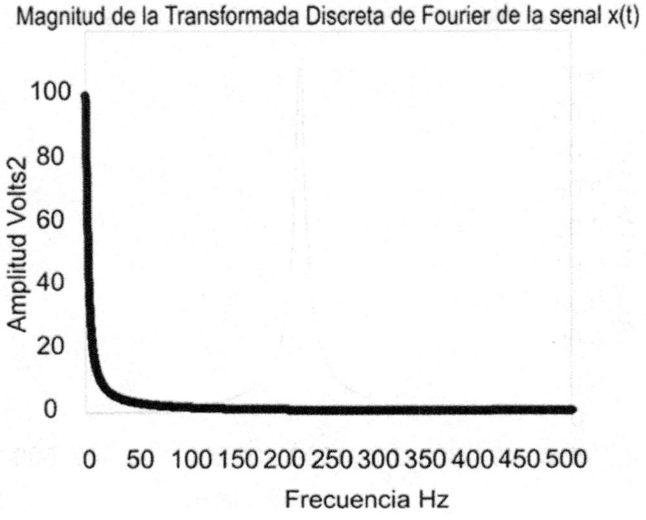

Figura 18. Calculo de la Transformada de Fourier de la señal x(t) *a través del método de la DFT.*

La Figura 19 ilustra la comparación entre el cálculo de la Transformada e Fourier por medio de ambos métodos.

En este experimento se deben tener en cuenta algunos detalles. Primero, se debe recodar que para la Transformada de Fourier para señales continuas, la escala en frecuencia es directa, osea *W = 2xpixF*.

Pero en el caso de la versión computacional, la escala en frecuencia está dada por *KxFs/N*.

Como conclusión, se puede tomar la Figura 19 como un ejemplo que demuestra que la versión computacional de la Transformada de Fourier es un muestro de la versión continua.

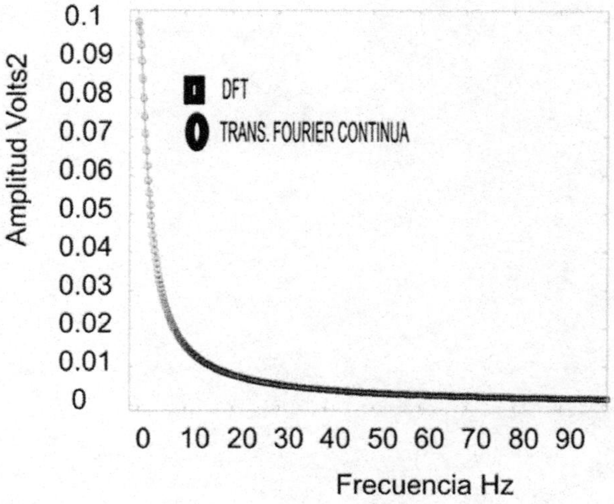

Figura 19. Comparación entre el resultado obtenido con el algoritmo de la DFT y los datos obtenidos a través de la Transformada de Fourier.

Capítulo 3

Método eficiente para el cálculo de la Transformada de Fourier Discreta: La FFT matricial

Matemáticamente la Transformada de Fourier para una señal continua en el tiempo $x(t)$ se define en la Ecuación (7).

$$X(w)=\int_{-\infty}^{+\infty} x(t)e^{-j\omega t}dt \tag{7}$$

Para el análisis espectral de la misma señal $x(t)$, cuando se ha discretizado y se obtiene la señal discreta de N muestras $x(n)$, se utiliza la Transformada Discreta de Fourier (T.D.F.) expresada en la Ecuación (7).

$$X(k)=\sum_{n=0}^{N-1} x(n)e^{-j\frac{2\pi kn}{N}} \tag{8}$$

Es necesario tener en cuenta que al implementar directamente la Transformada Discreta de Fourier a través de un algoritmo, se obtiene poca eficiencia computacional. Por tal motivo se propone en esta práctica implementar un método eficiente para el cálculo de la T.D.F. aprovechando sus propiedades de simetría.

Siendo N el número de muestras de la señal discreta $x(n)$, se procede como primer paso a generar la matriz $A(n,k)$ de dimensiones $N \times N$ con todas los posibles valores de las función exponencial compleja que se deben calcular durante el computo de la T.D.F. (ver Ecuación (3)).

$$A(n,k)=e^{-j\frac{2\pi kn}{N}} \tag{9}$$

Para $N = 4$, el código utilizado es:

```
N=4;
for k=1:N
    for n=1:N

       A(n,k)=cos(2*pi*(k-1)*(n-1)/N)-j*sin(2*pi*(k-1)*(n-1)/N);

    end
end
```

Se obtiene la siguiente matriz:

1.0000	1.0000	1.0000	1.0000
1.0000	0.0000 – 1.0000i	–1.0000 – 0.0000i	–0.0000 + 1.0000i
1.0000	–1.0000 – 0.0000i	1.0000 + 0.0000i	–1.0000 – 0.0000i
1.0000	–0.0000 + 1.0000i	–1.0000 – 0.0000i	0.0000 – 1.0000i

Al tener la matriz *A* previamente calculada, se obtiene un ahorro de tiempo de máquina invertido en la realización de $2*N^2$ operaciones trigonométricas.

Como señal de prueba se utiliza la siguiente secuencia para $x(n)$:

```
x(n) = [1       2       3       4]
```

La T.D.F. se calcula simplemente al realizar la multiplicación entre la matriz $A(n,k)$ y el arreglo de datos $x(n)$:

```
XF = x*A

XF = 10.0000     -2.0000 + 2.0000i  -2.0000 - 0.0000i  -2.0000 - 2.0000i
```

El programa contiene un algoritmo implementado que genera una señal $x(n)$ para diferentes cantidades de muestras N = 100, 200, 300, 400, 500, 1000, 2000, 3000 y 4000 muestras. Este programa contabiliza el tiempo de duración para ejecutar la Transformada de Fourier FFT a través del método matricial y lo compara con el método de la DFT.

La Figura 20 ilustra los tiempos de cómputo invertidos para calcular la Transformada de Fourier por el método DFT.

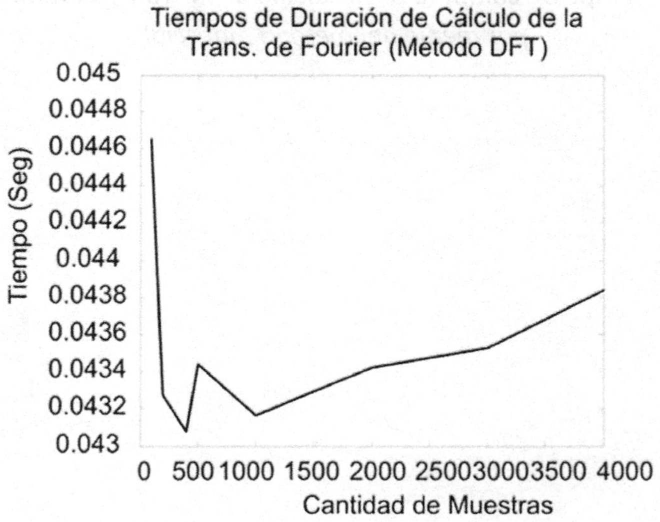

Figura 20. Tiempo de cómputo para cálculo de la DFT.

La Figura 21, ilustra los tiempos de cómputo para calcular la Transformada de Fourier a través del método matricial. Se puede apreciar que los valores de tiempo son muy inferiores a comparación de los obtenidos a través del método de la DFT.

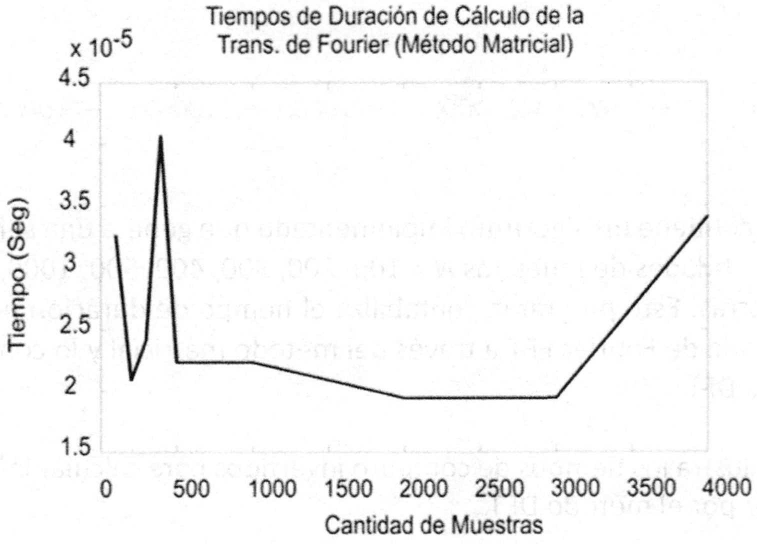

Figura 21. Tiempo de cómputo para cálculo de la Transformada de Fourier por medio del método matricial.

CAPÍTULO 4

Cálculo de la densidad espectral de potencia para señales con muestreo irregular: Método de Lomb

Por medio de la Transformada continua de Fourier *X*(*w*) (ver Ecuación (7)) es posible establecer una medida de la distribución del espectro por unidad de frecuencia, lo cual se denomina densidad espectral de potencia (PSD). Ver Ecuación (10).

$$|X(w)|^2 \qquad (10)$$

A través del teorema del muestreo, se ha determinado que a partir de un número de muestras de la señal *x*(*t*), adquiridas a un periodo de muestreo *Ts* y cumpliendo el criterio de Nyquist se obtiene una serie de tiempo *x*(*n*). Tomando estas muestras, se puede estimar la PSD a través de la Transformada discreta de Fourier (ver Ecuación 8).

En algunas ocasiones no es posible tener muestras de la señal original de manera regular, por lo cual Lomb, en el año de 1976, propone un método de estimación de la densidad espectral de potencia de datos tomados en observaciones astronómicas. En este contexto, el autor plantea que no existe una garantía que permita que las muestras adquiridas en estas observaciones sean tomadas a un periodo regular.

El método de Lomb toma un arreglo de datos $x_n(t_n)$ el cual contiene las muestras adquiridas para cada tiempo tn y procede calcular la densidad espectral de potencia para cada valor de frecuencia *f* como se observa en la Ecuación (11).

$$P(f)=\frac{1}{2\delta^2}\left[\frac{\left(\sum_{n=1}^{N}\left(x_n(t_n)-\bar{x}\right).\cos\left(2\pi f\left((t_n)-\tau\right)\right)\right)^2}{\sum_{n=1}^{N}\cos^2\left(2\pi f\left((t_n)-\tau\right)\right)}+\frac{\left(\sum_{n=1}^{N}\left(x_n(t_n)-\bar{x}\right).\sin\left(2\pi f\left((t_n)-\tau\right)\right)\right)^2}{\sum_{n=1}^{N}\sin^2\left(2\pi f\left((t_n)-\tau\right)\right)}\right] \quad (11)$$

En la Ecuación (4), δ^2 corresponde a la a la varianza de los datos $x_n(t_n)$ y el cálculo de la variable τ se realiza a través de la Ecuación (12).

$$\tan(4\pi\tau)=\frac{\sum_{n=1}^{N}\sin(4\pi t_n)}{\sum_{n=1}^{N}\cos(4\pi t_n)} \quad (12)$$

Para entender la técnica de Lomb se ha diseñado un algoritmo contenido en el programa que se basa en la construcción de una señal discreta (*N* = 500 muestras) compuesta por la suma de tres sinusoides de frecuencias conocidas (30Hz, 80Hz y 120Hz) y con una frecuencia de muestreo *Fs* = 1000 s/seg, lo que garantiza que cada una de sus muestras están con una separación de tiempo de *Ts* = 0.001 seg.

```
N=500;
Fs=1000;
Ts=1/Fs;
n=1:N;
f1=30;
f2=80;
f3=120;
x=cos(2*pi*f1*Ts*n)+cos(2*pi*f2*Ts*n)+cos(2*pi*f3*Ts*n);
```

La Figura 22 ilustra la señal de prueba en el dominio del tiempo.

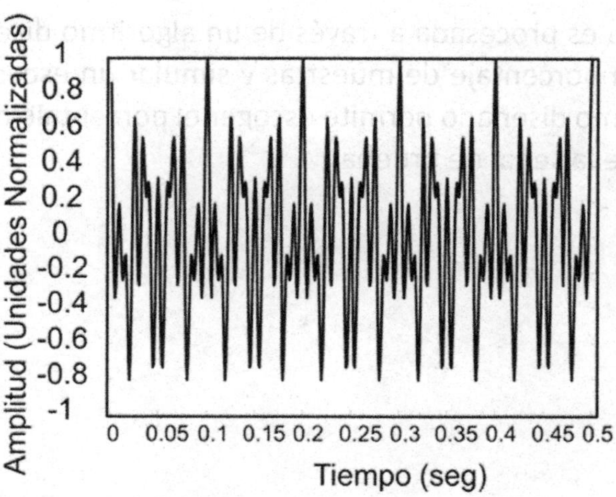

Figura 22. Señal de prueba, compuesta por la suma de tres sinusoides de frecuencias: 30Hz, 80Hz y 120Hz. Con frecuencia de muestreo Fs = *100Hz y cantidad de muestras* N = *500.*

A través de la Transformada rápida de Fourier, es fácil estimar la densidad espectral de potencia de la señal de prueba. Como se puede ver en la Figura 23, la PSD de la señal de prueba se representa a través de tres impulsos ubicados en las respectivas frecuencias de cada componente sinusoidal.

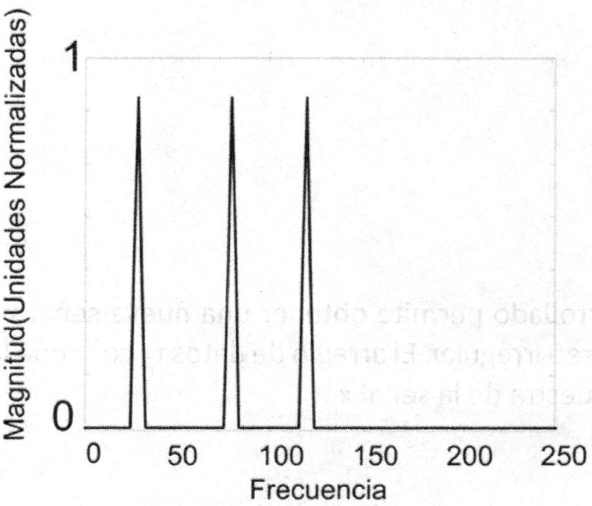

Figura 23. PSD de la señal de prueba, compuesta por tres impulsos unitarios ubicados en las frecuencias: 30Hz, 80Hz y 120Hz. Con frecuencia de muestreo Fs = *100Hz y cantidad de muestras* N = *500.*

La señal de prueba es procesada a través de un algoritmo diseñado para extraer aleatoriamente un porcentaje de muestras y simular un escenario de muestreo irregular. El algoritmo diseñado permite escoger el porcentaje de muestras que se requiere extraer de la señal de prueba.

```
c=0;
for i=1:N
  t(i)=c+Ts;
   c=t(i);
end

c=round(rand(N,1));
x1=x.*c';
k=0;

for i=1:N
  if x1(i)==0
  x1(i)=x1(i);
else

k=k+1;
xr(k)=x1(i);
tr(k)=t(i);

end
end
```

El algoritmo desarrollado permite obtener una nueva señal $x_r(t_n)$, la cual es una versión con muestreo irregular. El arreglo de datos t_r, contiene los valores de tiempo tn para cada muestra de la señal x_r.

La Figura 24 ilustra el resultado obtenido al realizar un proceso de muestreo irregular.

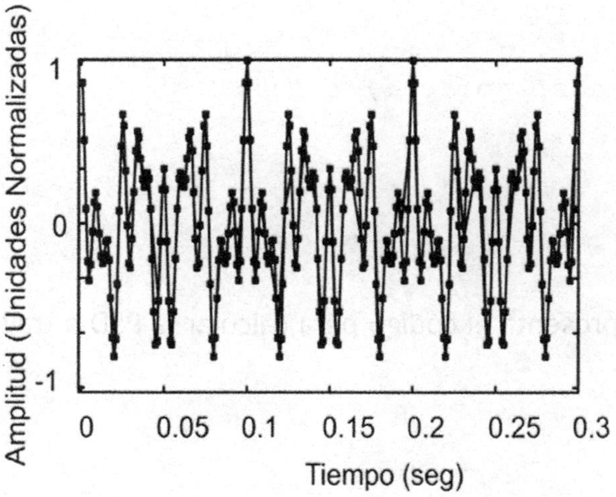

Figura 24. Señal con muestreo irregular.

Para poder aplicar la técnica de Lomb, se debe calcular primero la varianza para las muestras obtenidas:

```
xm=(1/N)*sum(xr);
var=(1/(N-1))*sum((xr-xm).^2);
```

Posteriormente se establece los valores de frecuencia (Hz) para los cuales se requiere calcular la PSD.

```
for h=1:N/2
f(h)=Fs*(h-1)/(N);
end
```

También es necesario enventanar los datos muestreados. Se utiliza una versión de ventana para tiempos irregulares.

```
s=0;
for i=1:N
W2= 0.54+0.46*cos(2*pi*t(i)/t(N));
xr(i)=xr(i)*W2;
s=s+W2;
end
```

A continuación se presenta el código para calcular la PSD a través de la técnica de Lomb:

```
NOR=N/(s*s);
R=length(f);
N=length(xr);
for r=1:R
 c=0;
 b=0;
 Sh=0;
 Ch=0;
 S2=0;
 C2=0;
   for i=1:N
     Sh=Sh+( (xr(i)-xm)*sin( 2*pi*f(r)*(tr(i)) ) );
     Ch=Ch+((xr(i)-xm)*cos(2*pi*f(r)*(tr(i))));
     S2=S2+sin(2*pi*f(r)*(tr(i)));
     C2=C2+cos(2*pi*f(r)*(tr(i))) ;
   end
 tao=(atan(S2/C2))/(4*pi*w(r));
 A=Ch*cos(2*pi*f(r)*tao)+Sh*sin(2*pi*f(r)*tao);
 B=Sh*cos(2*pi*f(r)*tao)-Ch*sin(2*pi*f(r)*tao);
 A2=(N/2)+0.5*C2*cos(4*pi*f(r)*tao)+0.5*S2*sin(4*pi*f(r)*tao);
 B2=(N/2)-0.5*C2*cos(4*pi*f(r)*tao)-0.5*S2*sin(4*pi*f(r)*tao);
P(r)=NOR*(((A^2)/A2)+((B^2)/B2));
end
```

```
figure
plot(w,P)
title('espectro de lomb(muestreo uniforme)')
xlabel('Frecuencia')
ylabel('Magnitud')
```

La Figura 25, ilustra el resultado obtenido al calcular la PSD por medio del método de Lomb de las muestras tomadas irregularmente de la señal original.

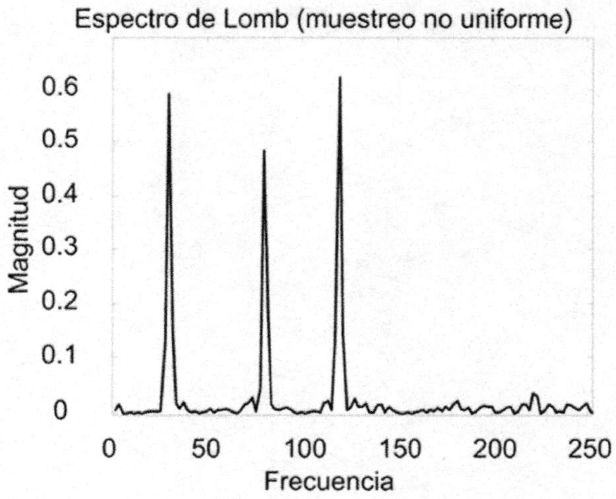

Figura 25. PSD calculada por medio del método de Lomb, para muestras tomadas irregularmente.

CAPÍTULO 5

Promediado de espectros

Existen señales, cuyas características se pueden repetir en el tiempo y también pueden ser apreciadas en el dominio de la frecuencia. A través del promediado de espectros, es posible determinar un espectro promedio de una señal con la finalidad de observar aquellas características que se repiten en el tiempo.

El objetivo de esta práctica es el análisis de la señal de voz humana a través del promediado de espectros con la finalidad de realizar comparaciones con el cálculo del espectro de una señal.

El primer paso es cargar la señal de voz de prueba con frecuencia de muestreo igual a 44100 Hz, la cual se aloja en el archivo de datos sonido.mat. La señal de voz se puede generar pidiendo a una persona que repita consecutivamente una misma vocal un número de veces. Si una persona repite una vocal cada segundo, es posible obtener una cantidad de 28000 muestras para cada repetición.

```
A1=load sonido;
a1=A1.sonido.
plot(a1)
```

La Figura 26 ilustra la señal de voz importada en el dominio del tiempo.

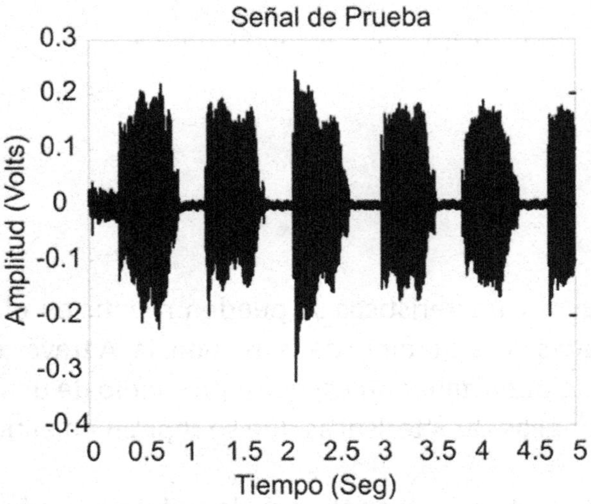

Figura 26. Señal de voz.

Posteriormente se procede a realizar el proceso de enventando y estimación de la magnitud del espectro (ver Figura 27).

```
N=length(a1);
k=1:N/2;
F=(k-1)*44100/N;
a1f=abs(fft(a1.*(hamming(N))));
plot(F,a1f(1:N/2));
```

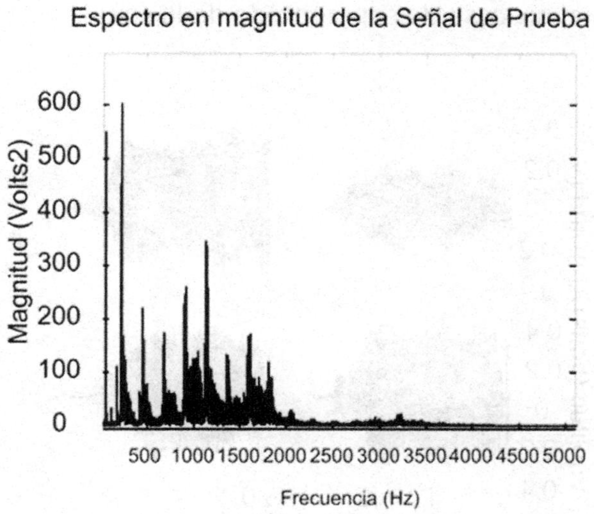

Figura 27. Magnitud del espectro de la señal de voz.

Para la realización del promediado de espectros, se debe ejecutar un proceso de segmentado de la señal. Cada segmento debe contener la misma cantidad de muestras. En este caso se supone que la muestra de inicio para cada vocal es: 15000, 54000, 132000 y 170000.

```
ma1=a1(15000:15000+27999);
L=length(ma1);
ma2=a1(54000:54000+27999);
ma3=a1(132000:132000+27999);
ma4=a1(170000:170000+27999);
```

La Figura 28 ilustra el proceso de segmentado de la señal.

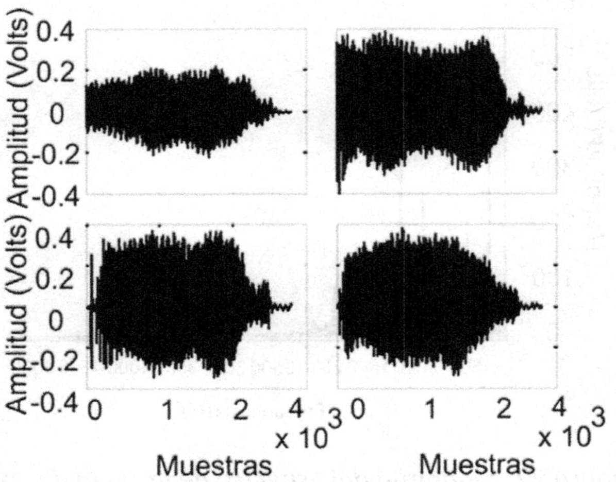

Figura 28. Segmentado de la señal.

Después del proceso de segmentado, se deben enventanar cada uno y realizar el cálculo de la magnitud del espectro de frecuencia (ver Figura 29).

```
W=hamming(L);
ma1w=ma1.*W;
ma2w=ma2.*W;
ma3w=ma3.*W;
ma4w=ma4.*W;
ma1f=abs(fft(ma1w));
ma2f=abs(fft(ma2w));
ma3f=abs(fft(ma3w));
ma4f=abs(fft(ma4w));
```

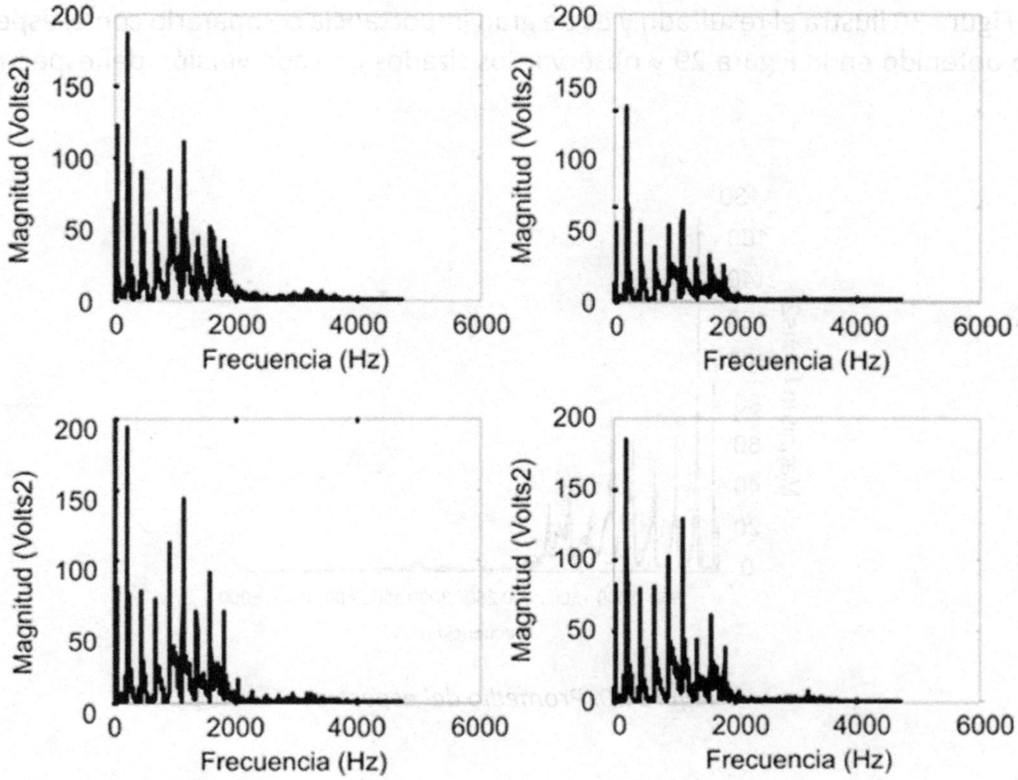

Figura 29. Espectros en magnitud de cada segmento.

El paso final es realizar el promedio de cada espectro de frecuencia en magnitud.

```
maf= (ma1f + ma2f + ma3f + ma4f)/4;
 figure
 plot(f,maf(1:3000))
title('Espectro promedio vocal a')
```

La Figura 30 ilustra el resultado y es de gran importancia compararlo con el espectro obtenido en la Figura 29 y observar los rizados en cada versión del espectro.

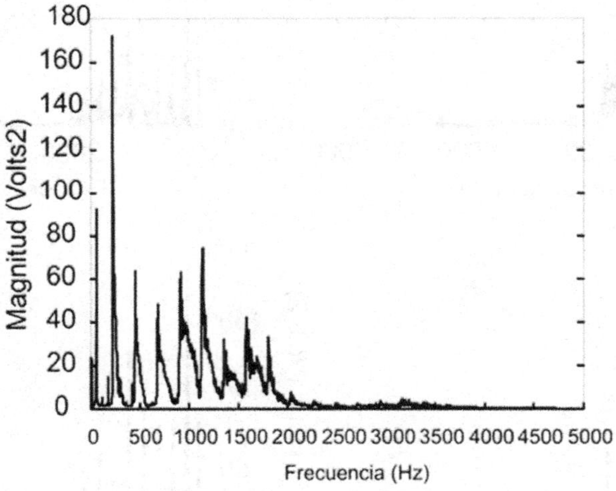

Figura 30. Promedio del espectro.

El resultado ilustrado en la Figura 30 evidencia la ventaja del promediado de espectros. Se pueden detallar los diferentes picos en magnitud del espectro con una gran disminución del contenido de rizados.

CAPÍTULO 6

Manipulación del espectro de una señal unidimensional

El espectro en frecuencia de una señal discreta $x(n)$, contiene información importante que modela el comportamiento en el dominio del tiempo. El espectro lo podemos dividir en dos grandes bandas: bajas frecuencia y altas frecuencia. En esta práctica se realiza un proceso de manipulación en el espectro de una señal discreta $x(n)$ con la finalidad de poder diferenciar el aporte en el dominio del tiempo de cada una de las bandas.

Se ha desarrollado un código contenido en el siguiente programa, en el cual se ejecuta la acción de tomar una señal sinusoidal y verificar los efectos causados al eliminar componentes en el dominio de la frecuencia.

En esta práctica se toma una señal de muestra con componentes espectrales conocidas.

```
N=500;
n=1:N;
Fs=500;
Ts=1/Fs;
x=cos(2*pi*10*n*Ts)+ cos(2*pi*20*n*Ts)+ cos(2*pi*30*n*Ts)+
cos(2*pi*100*n*Ts)+ cos(2*pi*150*n*Ts)+ cos(2*pi*200*n*Ts);
```

En la Figura 31 se aprecia la señal de prueba.

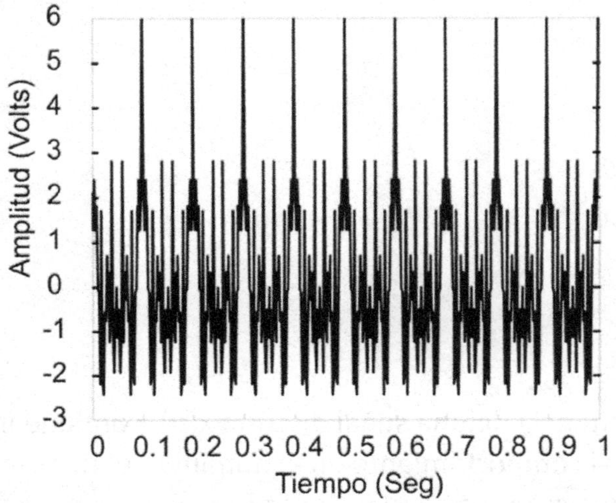

Figura 31. Señal de prueba x(n).

Posteriormente se calcula y se grafica (en magnitud) su espectro a través de la herramienta para la Transformada rápida de Fourier (ver Figura 32).

```
xf=(fft(x));
k=1:N/2;
f=(k-1)*Fs/N;
```

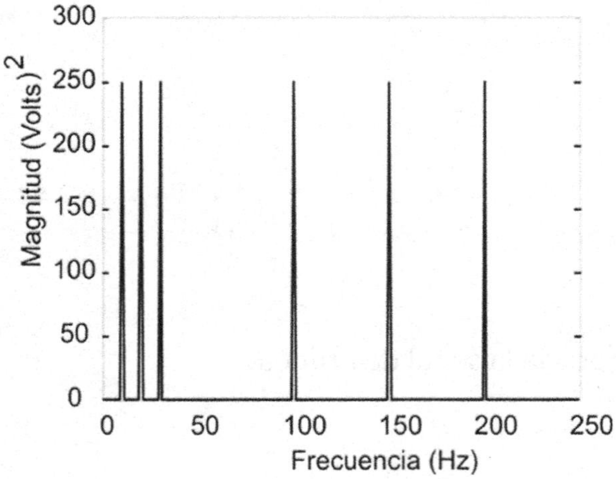

Figura 32. Espectro en frecuencia de la señal x(n).

Después se toma el espectro de la señal de prueba y se almacena en la variable *x1f* y se procede a eliminar las altas frecuencias, generando un efecto "pasa bajos".

```
xf1=xf;
xf1(50:449)=0;
```

Con el espectro modificado se recupera la señal *x2* a través de la herramienta para la Transformada inversa de Fourier. El resultado del efecto pasa bajos se ilustra en la Figura 33.

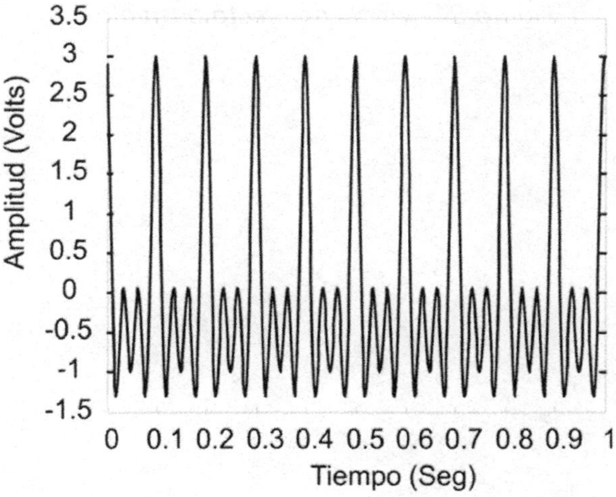

Figura 33. Señal con efecto pasa bajos.

```
x2=real(ifft(xf1));
```

Si se desea lograr un efecto "pasa altos" se pueden eliminar las bajas frecuencias (ver Figura 34).

```
xf1(1:201)=0;
xf1(801:N)=0;
```

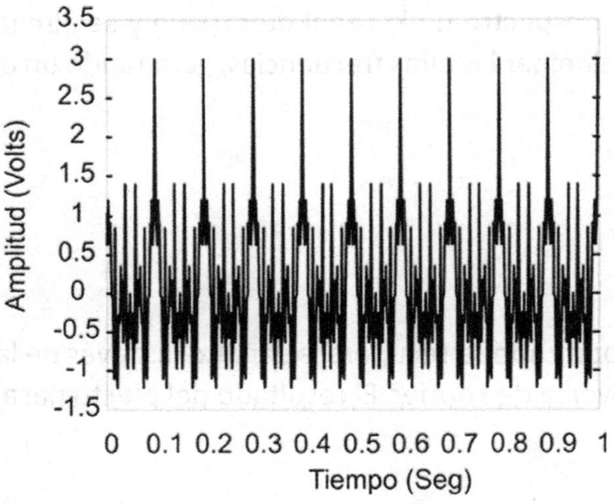

Figura 34. Señal con efecto pasa altos.

CAPÍTULO 7

Transformada Cepstrum

El Cesptrum de la señal es una aplicación especial de la Transformada de Fourier. Se calcular a partir del logaritmo de la densidad espectral de potencia de una señal y que posteriormente se le calcula nuevamente su Transformada de Fourier.

En esta práctica de laboratorio se realiza una aplicación del cepstrum de una señal aplicado a un ejercicio de simulación del eco. El programa contiene el código para la elaboración de una aplicación que ilustra el funcionamiento del cálculo del cesptrum.

El primer paso a seguir es cargar el tramo de voz almacenado el archivo de datos.

```
A1=load sonido;
Fs=44100;
Ts=1/Fs;
a1=A1.andreaa;
```

El segundo paso consiste en tomar un segmento de la señal que contenga la primera realización de la vocal *a* (ver Figura 35).

```
ma1=a1(15000: 15000 + 27999);
```

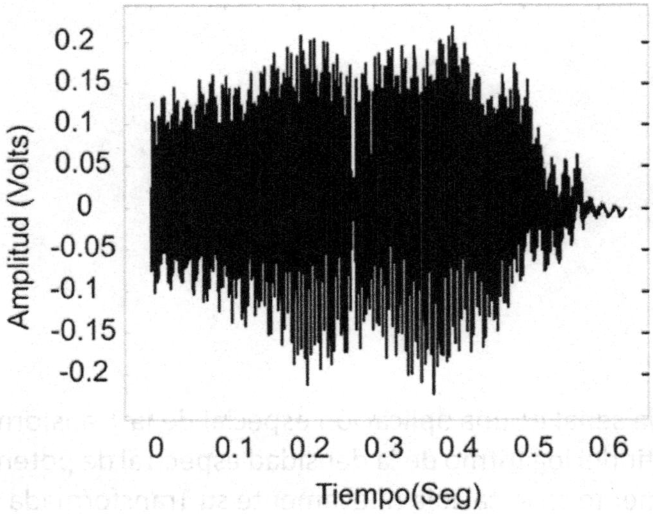

Figura 35. Segmento de señal de voz que representa la pronunciación de la vocal a.

Posteriormente se debe generar un arreglo que permita obtener una reproducción de la vocal, emulando la acción repetitiva del eco (ver Figura 36).

```
c=zeros(1,1000);
x1=[ma1' c ma1' c ma1' c];
N=length(x1);
x1=x1/max(x1);
t=(1:N)/44100;
figure
plot(t,x1)
```

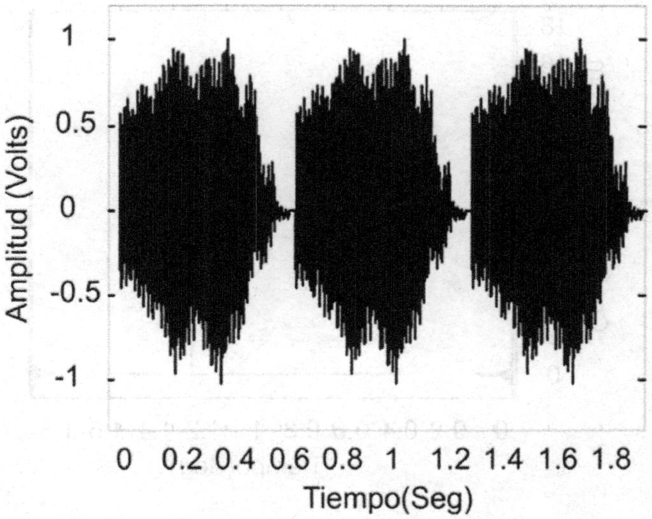

Figura 36. Repeticiones del segmento de voz, emulando un eco.

Tomando la señal que contiene las repeticiones, se le aplica el Cepstrum con las siguientes líneas de instrucción.

```
c = cceps(x1);
figure
plot(t,c)
```

En la Figura 37, se observa el resultado obtenido, se puede notar que en el eje del tiempo se evidencias unos picos, los cuales indican el comienzo de una repetición.

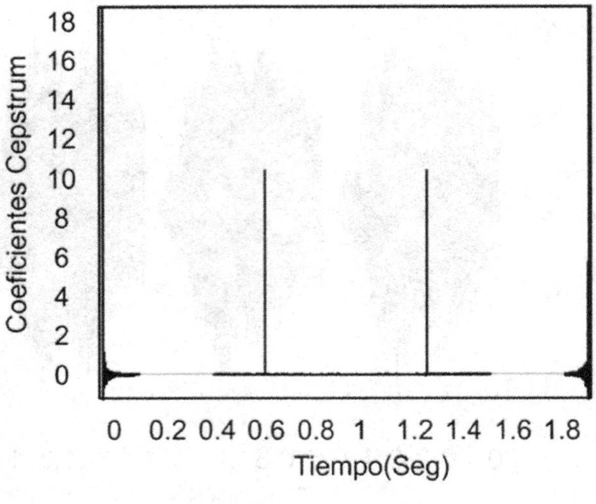

Figura 37. Coefientes Cepstrum de la señal que contiene un eco emulado.

En la Figura 38 se realiza de forma gráfica la superposición de la señal con repeticiones y el Cepstrum.

```
c=c/max(c);
figure
plot(t,x1,t,c)
xlabel('Tiempo(Seg)')
legend('Señal de voz', 'Coeficientes Cepstrum')
```

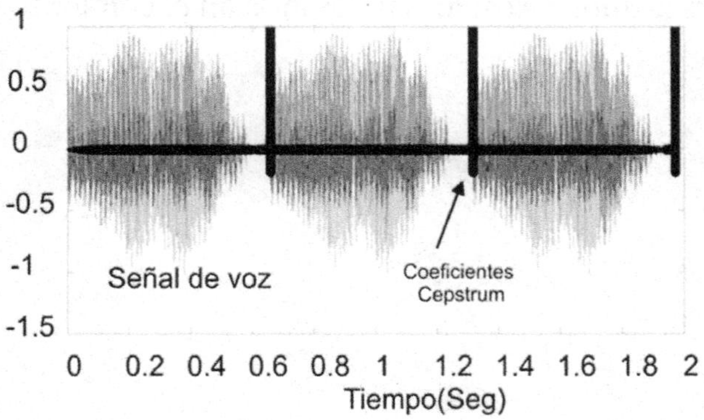

Figura 38. Coeficientes Cepstrum indicando cuando empieza cada repetición de la señal de la voz.

CAPÍTULO 8

Introducción a la Transformada Wavelet continua

El objetivo de esta práctica es el desarrollo de una aplicación para la generación de una familia de ondaletas y estudiar una señal continua en el tiempo con componentes espectrales conocidas.

El primer paso es generar una señal basada en suma se senosoidales.

```
Ts=0.01;
Fs=1/Ts;
t=-10:Ts:10;
x=cos(2*pi*1*t)+cos(2*pi*1.5*t)+cos(2*pi*2*t);
subplot(2,1,1)
plot(t,x)
```

En la Figura 39, se ilustra la señal de prueba en el dominio del tiempo.

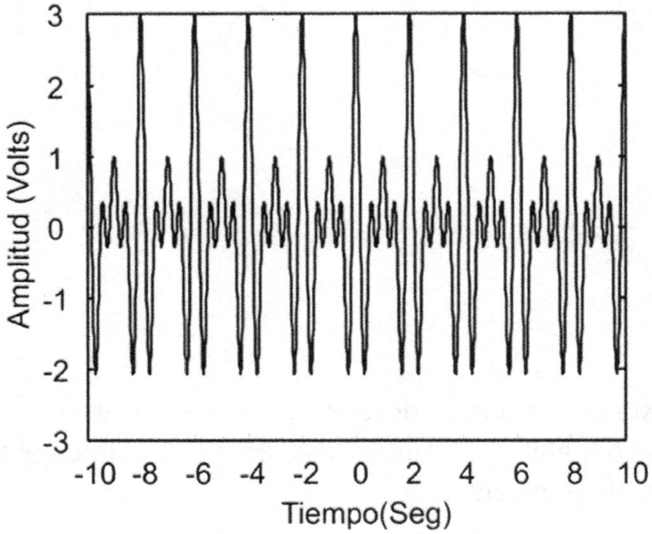

Figura 39. Señal de prueba conformada por una sumatoria de sinusoidales.

El siguiente paso es generar una familia de ondeletas. Para este ejemplo se utiliza la ondaleta "Sombrero méxicano" (ver Figura 40).

```
L=length(t);
f=0.01:0.05:5;
N=length(f);
for u=1:N
     ta=t/f(u);
 mex(u,:)=((pi^(0.25))/sqrt(3))*(1-ta.*ta).*exp(-ta.*ta/2);
end
figure
mesh(t,f,mex)
```

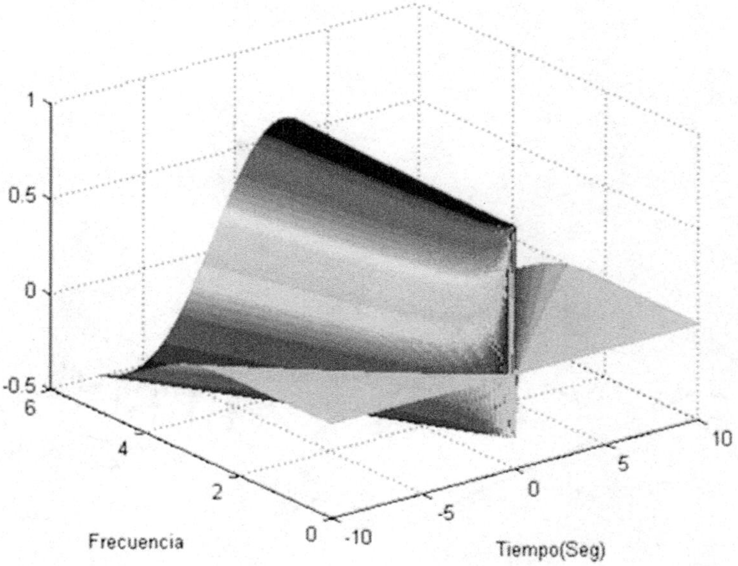

Figura 40. Ondaleta Sombrero Mexicano.

El último paso es aplicar cada una de las ondaletas a la señal de prueba.

```
for u=1:N
     TW(u,:)=filter(mex(u,:),1,x);
end
figure
t=-10:Ts:10;
mesh(t,f,TW)
```

La Figura 41 ilustra el resultado obtenido.

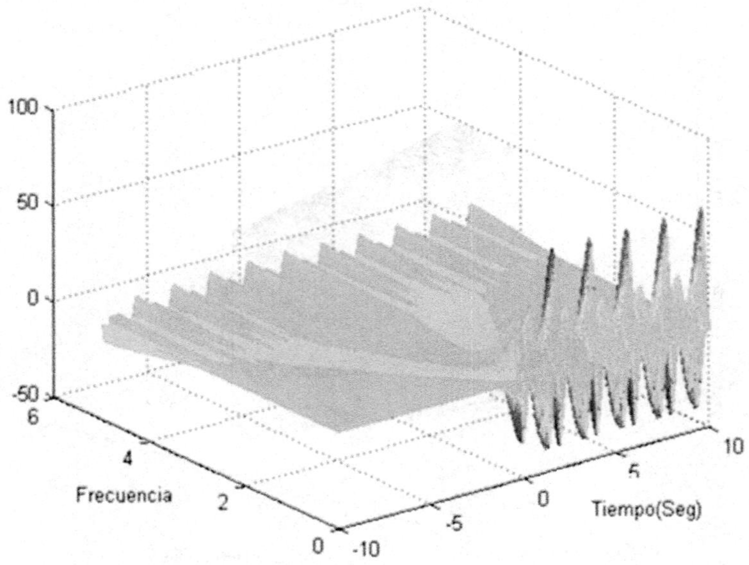

Figura 41. Análisis de la señal de prueba a través de la Transformada Wavelet continua.

CAPÍTULO 9

Aplicación de la Transformada Wavelet continua en señales de voz

El objetivo de esta práctica es el desarrollo de una aplicación para la generación de una familia de ondaletas con la finalidad de identificar patrones dentro de una señal de voz.

El primer paso es importar un archivo de voz humano y realizar un proceso de diezmado, para obtener menos muestras.

```
Fs=44100;
Ts=1/Fs;
A1=load sonido;
ma1=A1.andreaa;
x1=ma1(15000: 15000 + 27999);
xa=decimate(x1,5);
x=xa(1:4000);
Fs=8000;
```

La Figura 42 ilustra la señal de prueba.

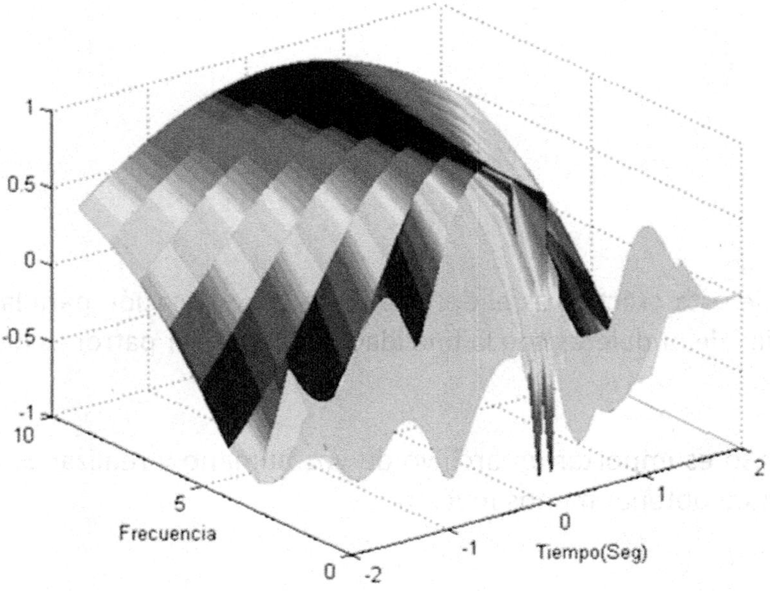

Figura 42. Señal de Voz de prueba.

El segundo paso es crear la familia de ondaletas. Para este caso se utiliza "Morlet".

```
t=-2:Ts:2;
L=length(t);
f=0.1:1:10;
N=length(f);
for u=1:N
      ta=t/f(u);
 mor(u,:)=(exp(-(ta.*ta)/2)).*cos(5*ta);
end
figure
mesh(t,f,mor)
```

La Figura 43 ilustra la familia de ondaletas para el caso Morlet.

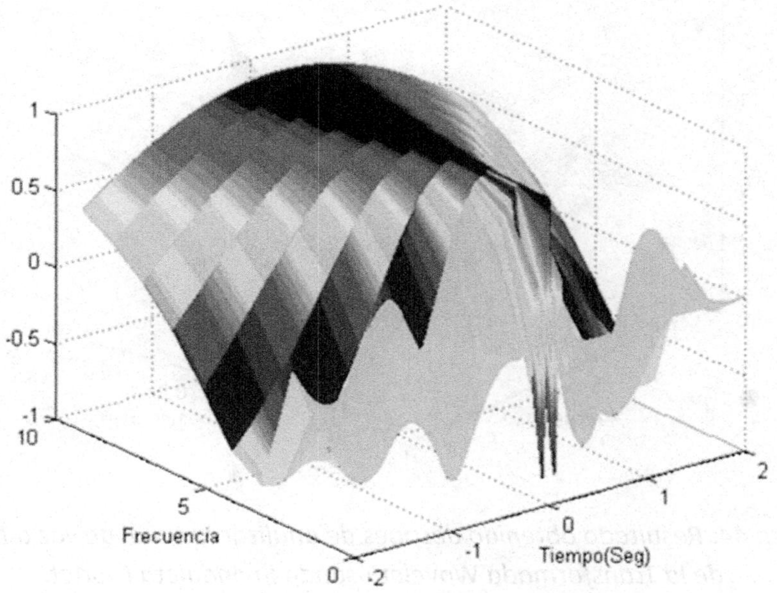

Figura 43. Ondaleta Morlet en el dominio del tiempo y frecuencia.

Por último se aplica cada ondaleta a la señal de voz, obteniendo el resultado ilustrado en la Figura 44.

```
for u=1:N
     TW(u,:)=filter(mor(u,:),1,x);
end
figure
t=(1:4000)/Fs;
mesh(t,f,TW)
```

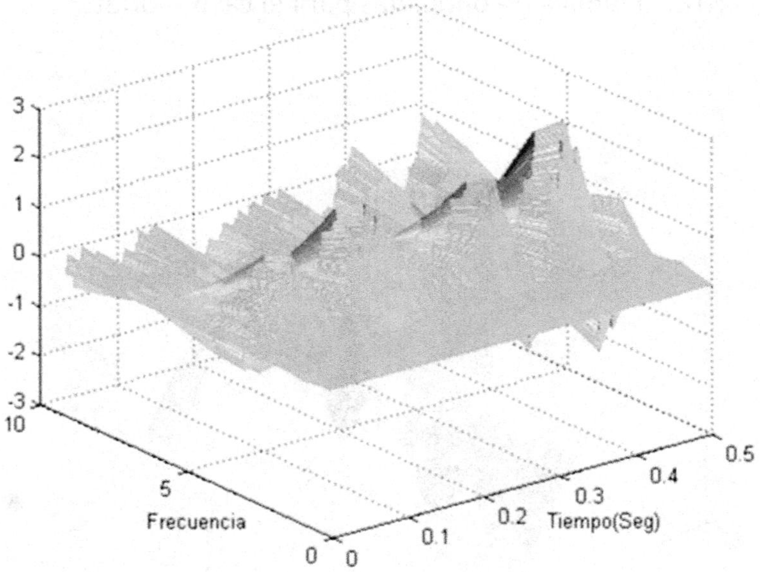

Figura 44. Resultado obtenido después de analizar la señal de voz a través de la Transformada Wavelet usando la ondaleta Morlet.

CAPÍTULO 10

Espectro de una señal discreta bidimensional

Para el caso de una señal discreta bidimensional *A*(*x*,*y*), se expresa su Transformada Discreta de Fourier de la siguiente manera:

$$A(u,v)=\frac{1}{MN}\sum_{x=0}^{M-1}\sum_{y=0}^{N-1}A(x,y)e^{-j\frac{2\pi ux}{M}+\frac{2\pi vy}{N}} \tag{13}$$

El programa contiene el código de un sencillo ejercicio que permite tener un rápido entendimiento de las propiedades básicas de la Transformada De Fourier bidimensional.

Para demostrar cómo se representa una señal sinusoidal bidimensional, se implementa el siguiente código para generar una matriz que contiene variaciones de intensidad entre 0 y 255.

```
N=200;
n=1:N;
x=128*cos(2*pi*10*n*0.01);
x=uint8(x+128);

for i=1:N

    A(i,:)=x;
end
 mesh(double(A))
 figure
 imshow(A)
```

En la Figura 45 se puede apreciar la función bidimensional (representada con el comando *mesh*). Se puede apreciar que es una función que depende de los ejes *x* y *y*, la amplitud varia de manera sinusoidal.

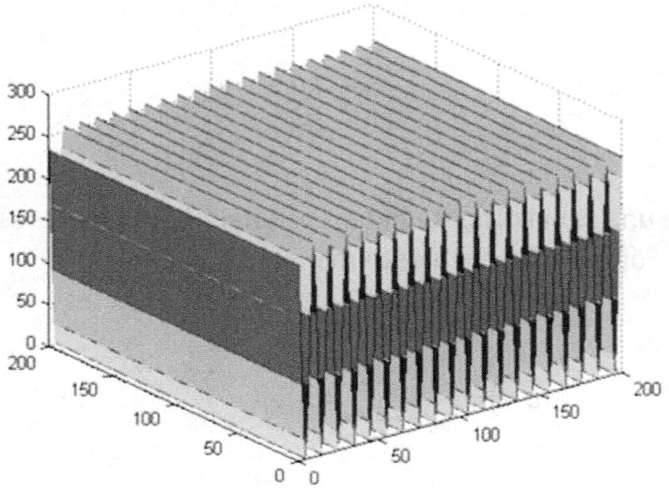

Figura 45. Función sinusoidal bidimensional.

Las funciones bidimensionales, también pueden describir una imagen monocromática, donde la intensidad mínima es de valor 0 y su máxima intensidad es 255. La Figura 46 ilustra esta función representada como una imagen (se utiliza el comando *imshow*).

Figura 46. Función sinusoidal representada como una imagen monocromática.

A través de las siguientes líneas de código, se pude calcular y representar gráficamente la magnitud de la Transformada de Fourier bidimensional.

```
AF=fftshift(abs(fft2(double(A))));
figure
mesh((AF))
figure
imshow(uint8(AF))
```

La Figura 47 ilustra el resultado obtenido al calcular la magnitud de la Transformada de Fourier bidimensional de la función bajo estudio.

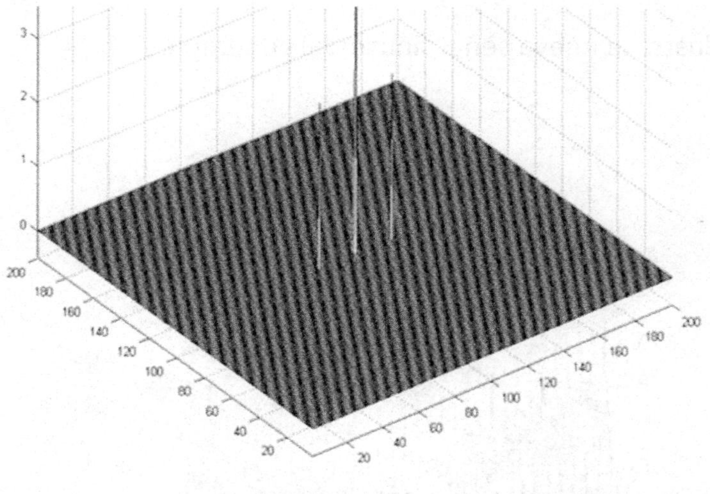

Figura 47. Magnitud de la Transformada de Fourier Bidimensional.

Como se pudo apreciar en la Figura 47, se obtienen dos funciones impulso unitario simétricamente ubicadas en el eje horizontal. Este resultado es similar al obtenido de la magnitud de la Transformada de Fourier para una señal sinusoidal discreta unidimensional.

A través del siguiente código, se puede representar la misma función sinusoidal bidimensional oscilando a través del eje vertical.

```
for i=1:N

   B(:,i)=x;
end

figure
mesh(double(B))

figure
imshow(B)
```

La Figura 48 ilustra la nueva señal sinusoidal generada.

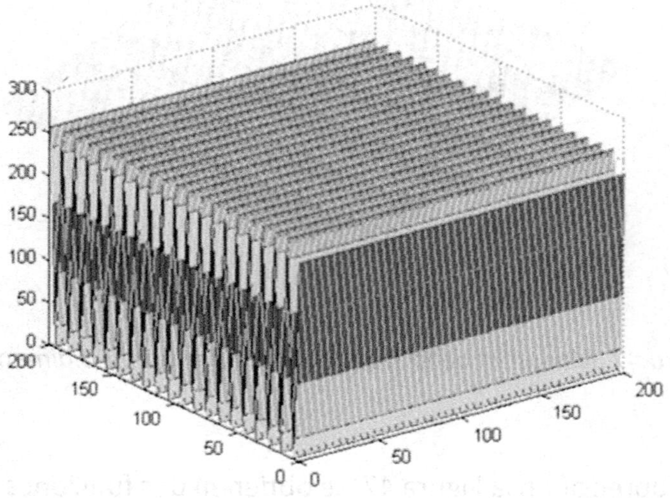

Figura 48. Función sinusoidal bidimensional través del eje y.

Utilizando las líneas de código para representar la Transformada de Fourier bidimensional, se procede a calcular la magnitud de esta transformación.

```
BF=fftshift(abs(fft2(double(B))));
 figure
 mesh((BF))
figure
imshow(uint8(BF))
```

La Figura 49 ilustra el resultado obtenido al calcular la magnitud de la Transformada de Fourier bidimensional para la señal sinusoidal a través del eje *y*.

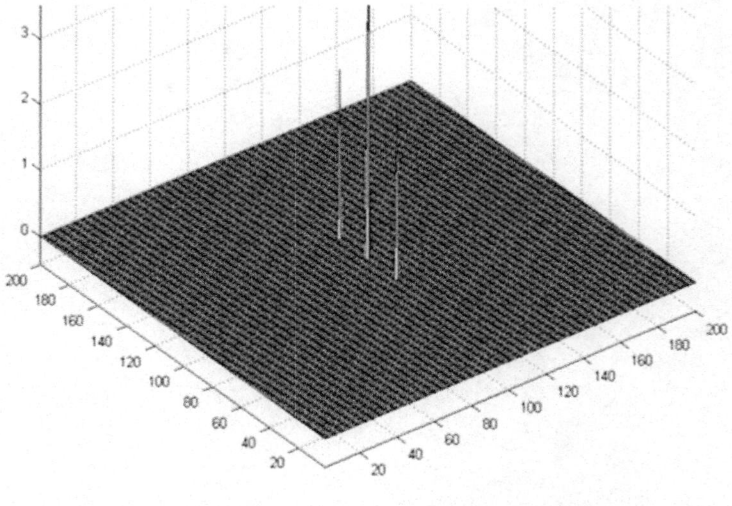

Figura 49. Magnitud de la Transformada de Fourier bidimensional (función rotada).

Capítulo 11

Manipulación del espectro de una señal discreta bidimensional

En esta sección se manipula el espectro de una señal bidimensional, para la cual en nuestro contexto se denomina una imagen digital.

El primer paso es generar una función bidimensional *A*(*x*,*y*), la cual tendrá un parecido a un tablero de ajedrez.

```
A=ones(200,200);
A(1:50,1:50)=0;
A(1:50,100:150)=0;
A(100:150,1:50)=0;
A(50:100,50:100)=0.4;
```

La Figura 50 ilustra la función bidimensional A(x,y).

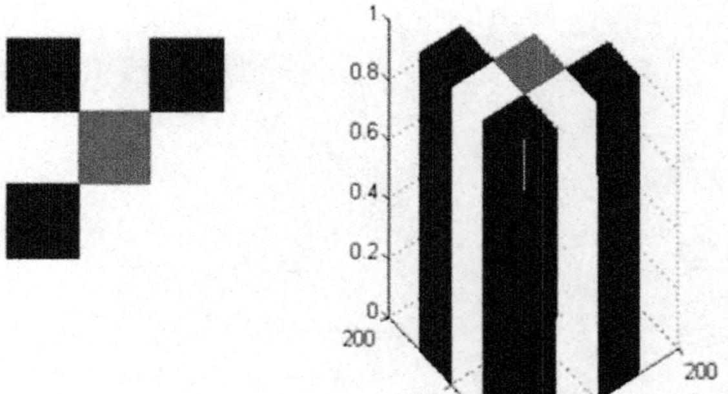

Figura 50. Función bidimensional A(x,y).

El segundo paso es generar una máscara a través de funciones de Butterworth de la misma dimensión de la función *A*(*x*,*y*). Esta máscara tendrá dos versiones: una para bajos y la otra será una para lograr el efecto pasa altos.

```
[a,b]=size(A);
for i=1:a
for j=1:b
D(i,j)=(((i-(a/2))^2)+((j-(b/2))^2))^(0.5);
end
end
Do=10;
n=4;
for i=1:a
for j=1:b
d=D(i,j);
Hpb(i,j)= 1 / (1+ (d/Do)^(2*n) );
%pasa bajos
Hpa(i,j)= 1 / (1+ (Do/d)^(2*n) );
%pasa altos
end
end
```

En la Figura 51 se ilustran las dos máscaras obtenidas.

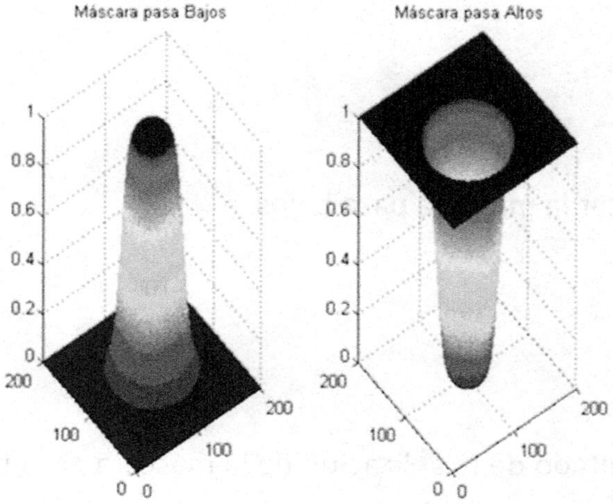

Figura 51. Máscara para efecto pasa bajos y para efecto pasa altos.

El tercer paso es calcular la Transformada bidimensional de Fourier para la función *A*(*x*,*y*) (verer Figura 52).

```
AF=(fft2(double(A)));
```

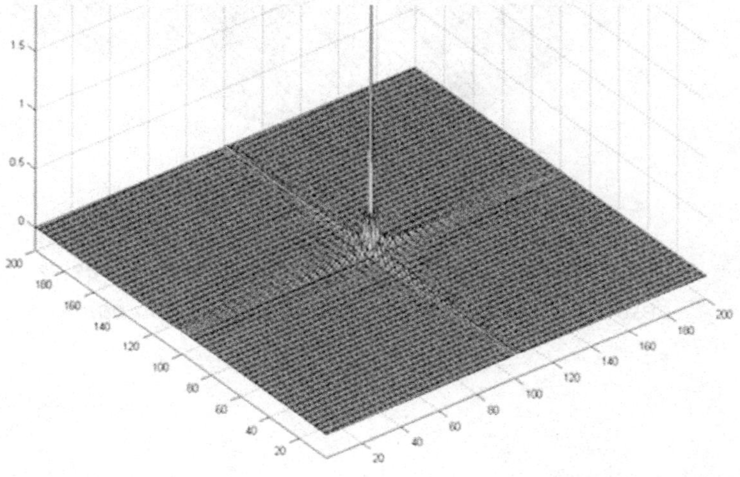

Figura 52. Magnitud del espectro de la función A(x,y)*.*

Posteriormente se procede a organizar los datos para que estén centrados en el mismo centro geométrico de la máscara *H*(*u*,*v*).

```
AF2=fftshift(AF);
```

Y se procede a aplicar la máscara pasa bajos.

```
AG=AF2.*Hpa;
```

El espectro del resultado de la aplicación de la máscara pasa bajos es ilustra en la Figura 43.

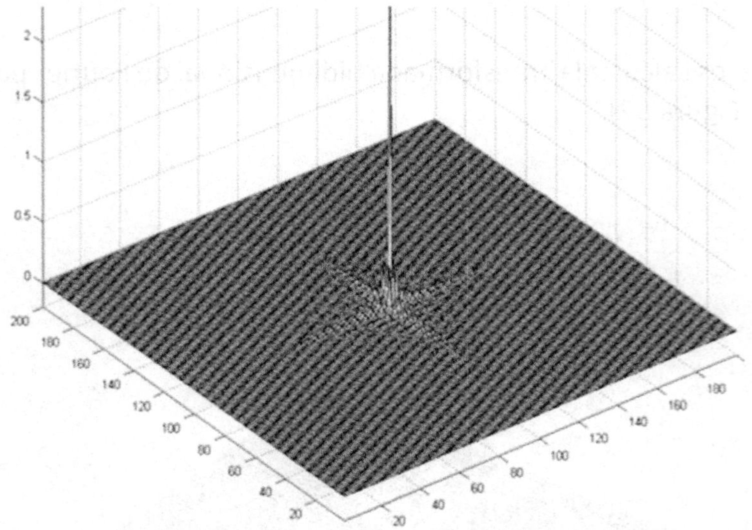

Figura 43. Magnitud del espectro de la función A(x,y) *después de la aplicación de la máscara pasa bajos.*

El siguiente paso es volver a organizar el espectro y obtener la nueva función en el dominio del espacio *A*2(*x*,*y*) por medio de la Transformada inversa de Fourier bidimensional.

```
AG=fftshift(AG);
A2=ifft2(AG);
figure
imshow(A2)
```

La Figura 54 ilustra el resultado obtenido en el dominio del espacio.

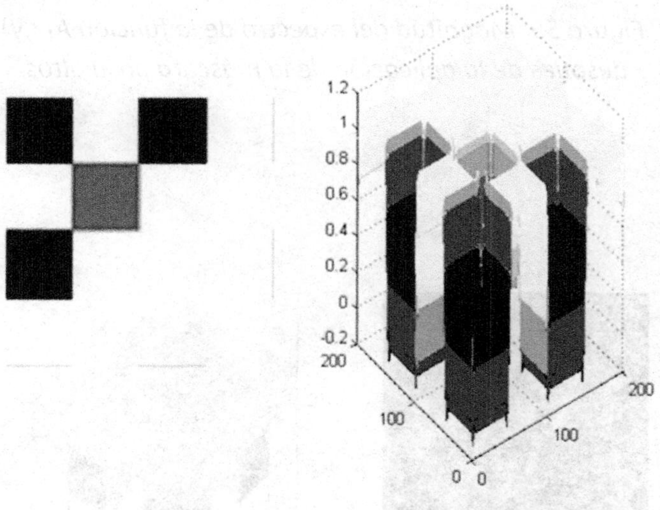

Figura 54. Resultado en el dominio espacial de la aplicación de la máscara pasa bajos.

Este método también es pertinente en el uso de la máscara pasa altos. En la Figura 55 se ilustra en dominio de la frecuencia la magnitud del espectro de la función *A*(*x*,*y*) después de ser multiplicada por la máscara pasa altos.

En la Figura 56, se ilustra en el dominio del espacio el resultado de minimizar las bajas frecuencia de la función *A*(*x*,*y*).

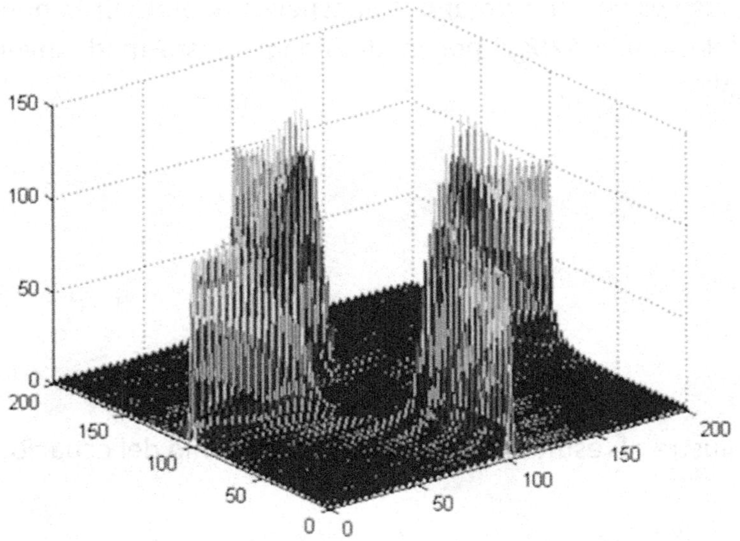

Figura 55. Magnitud del espectro de la función A(x,y) *después de la aplicación de la máscara pasa altos.*

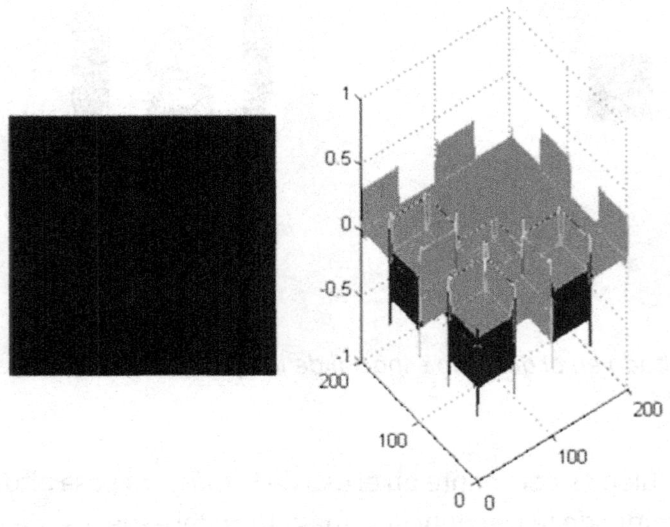

Figura 56. Resultado en el dominio espacial de la aplicación de la máscara pasa altos.

Bibliografía

La teoría utilizada en este texto ha sido basada en escritos que son listados a continuación.

Transformada de Fourier

Oppenheim Alan, Willsky Alan. Señales y Sistemas. Prentice Hall. México 2011.

Proakis John, Manolakis DImitris. Tratamiento Digital de Señales. Pearson. España 2010.

Mitra Sanjit. Procesamiento Digital de Señales Digitales. Mc Graw Hill. España 2008.

William T. Vetterling. Numerical Recipes 3rd Edition. Cambridge University Press 2007.

Señales Bidimensionales

González Rafael. Woods Richard. Digital Image Processing. 2007.

Pajares Gonzalo. De la cruz Jesús. Visión por Computador. Alfaomega – Ra-MA. España 2002.

González Javier y Montenegro Davis. Análisis de Texturas a Través del Procesamiento Digital de Imágenes. Ediciones USTA. Colombia, 2013.

Voz humana

Faundez Zanuy Marcos. Tratamiento Digital de Voz e Imagen. Alfaomega – Marcombo. México 2001.

Transformada Wavelet

Montenegro Davis. Procesamiento digital de perturbaciones de calidad de potencia eléctrica. Ediciones USTA. Colombia, 2013.

Algoritmo de la Técnica de Lomb

Press William. Numerical Recipies in C: The Art of Scientific Computing. Ed. Cambridge USA 2002.

Made in the USA
Monee, IL
08 November 2026

67383091R00057